Andreas Heidinger

MIT BIENEN DIE WELT RETTEN

Neue Wege in Imkerei und Bienenhaltung für Stadt, Land und Landwirtschaft
naturgemäß · ertragreich · ökologisch · gesund

Andreas Heidinger

MIT BIENEN DIE WELT RETTEN

Neue Wege in Imkerei und Bienenhaltung für Stadt, Land und Landwirtschaft

naturgemäß
ertragreich
ökologisch
gesund

SüdOst Verlag

Bibliografische Information der Deutschen Nationalbibliothek

Die Deutsche Nationalbibliothek verzeichnet diese Publikation in der Deutschen Nationalbibliografie; detaillierte bibliografische Daten sind im Internet über http://dnb.dnb.de abrufbar.
ISBN 978-3-95587-798-9

Für uns, die Battenberg Gietl Verlag GmbH mit all ihren Imprint-Verlagen, ist Nachhaltigkeit ein wichtiger Teil unserer Unternehmensphilosophie. Daher achten wir bei allen unseren Produkten auf den Einsatz umweltschonender Ressourcen und Materialien.
Dieses Buch wurde auf FSC®-zertifiziertem Papier gedruckt. FSC (Forest Stewardship Council®) ist eine nicht staatliche, gemeinnützige Organisation, die sich für die verantwortungsvolle und ökologische Nutzung der Wälder unserer Erde einsetzt.

Unsere Partnerdruckerei kann zudem für den gesamten Herstellungsprozess nachfolgende Zertifikate vorweisen:
- Zertifizierung für FOGRA PSO
- Zertifizierungssystem FSC®
- Leitlinien zur klimaneutralen Produktion (Carbon Footprint)
- Zertifizierung EcoVadis (die Methodik besteht aus 21 Kriterien in den Bereichen Umwelt, Einhaltung menschlicher Rechte und Ethik)
- Zertifikat zum Energieverbrauch aus 100 % erneuerbaren Quellen
- Teilnahme am Projekt „Grünes Unternehmen" zum Schutz von Naturressourcen und der menschlichen Gesundheit

Umschlagfotos und Innenteil: AdobeStock – Przemyslaw Iciak; Jag_cz; Guy Pracros
Gestaltungselemente Innenteil: www.freepik.com

1. Auflage 2022
ISBN 978-3-95587-798-9

www.battenberg-gietl.de

Vorwort

Als mir 2021 Andreas Heidinger beim Apitherapie-Kurs[1] in Weilheim seine neue Bienenbehausung Bienenkugel-PRO vorstellte, war meine erste Frage: „Lieferst du auch nach Rumänien? Ich möchte auch mit der Bienenkugel imkern!"
Die neue Technik in der Bienenhaltung ist einleuchtend und erweist sich für die Bienen als energiesparend und gesundheitsfördernd. Aber auch für uns Menschen bringt diese neue Imkertechnik viele Vorteile: Das Imkern wird ergonomischer und rückenschonender. Aus Sicht der Apitherapie betrachtet, können wir heute noch gar nicht abschätzen, in welchen Bereichen bei den Bienenprodukten damit eine Qualitätssteigerung möglich ist und wie uns dies bei verschiedenen Krankheiten helfen kann.
Nur wer die Ursachen kennt, kann auch geeignete Maßnahmen ergreifen. Andreas Heidinger hat die Bewirtschaftung heutiger Felder und Wälder analysiert und zeigt nun Wege auf, wie sich mögliche Umstrukturierungsmaßnahmen in der Land- und Forstwirtschaft sowie im eigenen Garten ertragssteigernd und ökologisch mit Bienen umsetzen lassen.
Als Arzt gefällt mir aber auch, wie ein gesundheitsorientiertes Wohnen der Zukunft aussehen könnte.
Die Verknüpfung von Biene und Pflanze und das letztendlich daraus gewonnene Pflanzenöl zeigen uns, wie einfach wir einen Großteil unseres Energiebedarfs bei richtiger Bewirtschaftung der Erde generieren können.
Ein Buch, das Land- wie Stadtbewohner verbindet, und aufzeigt, wie leicht eine süße Umstellung unserer Ernährungsweise mit nachhaltigen Bienenprodukten, aber auch mit essbarer Bienenweide gelingen kann.
Ich wünsche allen Leserinnen und Lesern viel Freude mit diesem Buch und der Umsetzung Ihrer Ideen entlang der hier aufgezeigten Wege für eine nachhaltige Zukunft!

Dr. med. Stefan Stangaciu
General-Sekretär der International Federation of Apitherapy
Ehrenpräsident des Deutschen Apitherapiebundes

1 Bei der Apitherapie werden Bienenprodukte z.B. Propolis, Bienengift, Honig und die Bienenstockluft zur Vorbeugung von Krankheiten und der Linderung von Beschwerden eingesetzt.

Einstieg ins Buch

Liebe Bienenfreunde,
mit diesem Buch möchte ich aufzeigen, welche möglichen Ursachen mit dem heutigen Bienen- und Artensterben zusammenhängen. Und wie mit dem Einsatz der neuen Technik, der Bienenkugel©, in der Bienenhaltung neue Perspektiven für unsere Tier-, Umwelt und uns Menschen entstehen können.
Wenn im Schlossbienengarten Dachau an einem „Bienentag" Menschen zusammenkommen, merke ich immer wieder, dass Bienen verbinden können. Egal welcher Herkunft, Ausbildung, gesellschaftlicher Stellung, ob jung oder alt, ob Menschen mit oder ohne Einschränkung, aus Sicht der Bienen sind alle gleich. Die unterschiedlichen Menschen haben den gleichen Nenner, die Bienen, und so kommt es immer wieder zu den tollsten Diskussionen, Fragen und einem Austausch untereinander.
Oft fehlt das Verständnis für den anderen, weil wir uns heutzutage immer mehr auf spezielle Dinge konzentrieren. Es entstehen „Gräben" und „Spaltungen", zum Beispiel zwischen Menschen in der Stadt, die gesunde Lebensmittel zu einem bezahlbaren Preis fordern, und auf der anderen Seite den Landwirten, die durch immer mehr Regulierungen und zu geringe Erzeuger-Ertragspreise mit dem Existenzminimum kämpfen.
Für alle Menschen, ob in der Stadt oder auf dem Land, in der Imkerei, Landwirtschaft oder in der Forstwirtschaft, versuche ich in diesem Buch mit Zahlen, Daten und meinem Wissen, unsere heutige Situation darzustellen. Ich möchte aber auch aufzeigen, wie uns die Biene in der Ernährung, der Energiewirtschaft oder bei neuen Wohnideen neue Impulse geben kann. Schlüpfen Sie beim Lesen immer mal wieder in die Rolle der Biene, des Imkers, des Land- und Forstwirts, aber auch in die Rolle des „Verbrauchers", so können Sie die Welt der Biene aus den verschiedensten Perspektiven und Blickwinkeln betrachten und neue Bereiche kennenlernen. Wenn wir uns gemeinsam das Ziel „Herstellung einer intakten Natur" setzen, kann uns die Biene dabei helfen.
Nun wünsche ich Ihnen viele gute Gedanken und Ideen beim Lesen!

Ihr Andreas Heidinger

Inhaltsverzeichnis

Das Bienenvolk im Jahreslauf

In Abbildung 1 sehen Sie eine blau markierte Königin in der Mitte. Schräg links unten bei der Königin sitzt ein Drohn (männliche Biene). Die kleineren Bienen auf der Wabe sind die sogenannten Arbeiterinnen. Jedes der drei Wesen hat instinktiv unterschiedliche Aufgaben.
Nur wenn alle 3 Wesen jahreslaufbedingt vorhanden sind, kann ein Bienenvolk überleben. Trotz „Königin" gibt es keine Hierarchie in dieser Organisationseinheit. Das Bienenvolk bestimmt gemeinsam oder in Gruppen, welche Aufgaben zu erledigen sind – dabei können auch Fehler passieren.

Ziel eines Bienenvolks ist es, mit allen zur Verfügung stehenden Mitteln die Art zu erhalten und zu überleben. Dazu hat die Organisationseinheit des Bienenvolks viele Strategien entwickelt. Diese instinktiven Strategien werden ständig angepasst, je nach der jeweiligen Situation im Jahreslauf, den äußerlichen klimatischen Bedingungen, der Tracht (Nahrungsangebot) und unerwarteten Geschehnissen.

Abb. 1: Ein Bienenvolk der zoologischen Art Apis mellifera besteht aus drei verschiedenen Wesen mit jeweils unterschiedlichen Aufgaben.

Zeitiges Frühjahr

Nach einer Brutpause im Winter geht die Königin im Januar/Februar wieder in Brut, das heißt, sie legt wieder die ersten Eier. Nach 21 Tagen schlüpft die erste Biene. Das bedeutet für die Bienen einen enormen Heizaufwand, denn die Brut braucht Tag und Nacht eine konstante Temperatur von 35 ± 2° C. Zum Heizen benötigen die Bienen den in den Wabenzellen eingelagerten Honig. Die notwendige Wärme erzeugen sie durch Reibung und Vibration der Flugmuskulatur (Abb. 2). Man muss sich bildlich vorstellen, wie die Biene im dunklen Bienenstock den Flügel „aushängt", um dann die Flugmuskulatur zum Heizen zu verwenden.

Bienen haben keine Toiletten im Bienenstock, aber sie haben eine Kotblase. Bei langanhaltenden kalten Außentemperaturen können die Bienen über mehrere Monate die Kotblase füllen. Wird es dann an einem Tag um die 12° C warm, fliegen sie aus dem Flugloch und entleeren ihre Kotblase im Flug. Die Kotflecken kann man manchmal im Schnee rund um eine Beute sehen (Abb. 3). Bei hohem Heizaufwand wird auch der Futterverbrauch erhöht, und es kann in Magazinbeuten vorkommen, dass die Kapazität der Kotblase nicht ausreicht. Die Biene muss zwangsweise im Bienenstock ihre Kotblase entleeren. Das kann unter Umständen dazu führen, dass das ganze Volk von der Bienenkrankheit „Nosema" befallen wird. Wenn dieser Zustand länger andauert, kann das Bienenvolk daran sterben.

Abb. 2: Wärmeerzeugung im Winter durch Einsatz der Flugmuskulatur.

Abb. 3: Kotflecken im Schnee nach dem ersten Flug im zeitigen Frühjahr.

Ein Bienenvolk überwintert mit ca. 5.000–10.000 Arbeiterinnen und einer Königin in einer Art Kuschel-Kugeltraube sehr energieeffizient. Dabei schwankt die Temperatur im Bienenstock von 5 bis 24° C, je nachdem, wie viel Futter bedingt durch die äußeren Bedingungen benötigt wird. Je energetisch ungünstiger allerdings die Behausung geschaffen ist, desto mehr müssen die Bienen heizen und brauchen umso mehr Futter (Honig).

Exkurs: Geschichte

Moderne Analysemethoden ergaben anhand von in Bernstein eingeschlossenen Bienen, dass es Honigbienen schon seit ca. 150 Millionen Jahren gibt. Das natürliche Habitat der Honigbiene war die Baumhöhle im Wald (Abb. 4 und 5). Das können wir uns heute kaum mehr vorstellen, da es kaum noch alte Bäume mit Baumhöhlen gibt. Die physikalischen und funktionellen Eigenschaften einer natürlichen Baumhöhle unterscheiden sich deutlich von den heute üblichen eckigen, dünnwandigen Beutesystemen.

Abb. 4: Die Baumhöhle als natürliches Habitat der Honigbiene.

Abb. 5: Das Flugloch einer natürlichen Baumhöhle.

Totholz und Wasser

Ausschlaggebend für den Brutbeginn sind die Pollen- und Nektarversorgung sowie natürlich das Wetter. Bei Temperaturen von 10 bis 12° C kann die Biene ihr Habitat verlassen, um Nektar und Pollen zu sammeln. Die Brut im Bienenvolk benötigt aber auch Wasser. So werden je nach Brutgröße ca. 100–600 ml Wasser am Tag herbeigeschafft. Bevorzugt fliegen die Bienen an wassergetränktes Totholz oder andere feuchte Naturmaterialien (siehe Seite 29, Abb. 27). Das Kondenswasser, das man in Magazinbeuten unter der Plastikfolienabdeckung sieht, rühren die Bienen jedoch nicht an, da es keine Mineralstoffe enthält (siehe S. 27, Abb. 25).

Die Entwicklung geschieht in der Wabenzelle vom Ei zur Made, dann zur Puppe (Abb. 6). Nach 21 Tagen schlüpfen die **Arbeiterinnen-Bienen** und beginnen ihre „Karriere“.

Abb. 7: Fluglochbeobachtung: Flugbienen bringen Pollen und Nektar und transportieren Gemüll ab.

Es dauert nicht lange, und schon „muss“ diese frisch geschlüpfte Biene erste Arbeiten im Stock verrichten; sie wird zur **Stockbiene**. Verschiedene Drüsen, Muskeln und Instinkte entwickeln sich nach dem Schlupf noch weiter, bis die **Jungbiene** als vollständiges Wesen nach ca. 21 Tagen zur Flugbiene wird. In der Zwischenzeit putzt sie die Wabenzellen

Abb. 6: Blick auf eine Brutwabe.

verdeckelte Bienenbrut

offene Zelle: Made nach ca. 6–8 Tagen kurz vor der Verdeckelung

verdeckelte Drohnenbrut

und bringt das Gemüll zum Flugloch, wo ihn die älteren Bienen aus dem Stock fliegen (Abb. 7).
Das Heizen der Brut ist aufwendig und benötigt viel Energie aus Honig. Auch das Füttern der Maden mit Futtersaft, der aus dem fermentierten Bienenbrot, Wasser und Honig hergestellt wird, ist aufwendig.
Die Jungbiene lernt auch, Nektar von den Flugbienen abzunehmen und in der Wabenzelle um das Brutnest zwischenzulagern, um ihn dort mit der Brutwärme zu trocknen. Die so entstehende feucht-warme Luft diffundiert teils in den Werkstoff (wenn möglich) der Behausung oder wird durch den ausgeklügeltes Entlüftungssystem von der Biene aus dem Flugloch gefächelt.
Wenn der Honig die passende Konsistenz hat und auf den richtigen Wassergehalt eingedickt ist, wird dieser vom Brutnest in die eigentlichen Vorratskammern (Honigraum) umgetragen. Diese Kammern sind vom Flugloch am weitesten entfernt, damit potenzielle Räuber wie Wespen, Hornissen oder andere Bienenvölker nicht so leicht an die Vorräte gelangen können. Nach der Einlagerung in der endgültigen Zelle wird diese dann mit Bienenwachs und Propolis verdeckelt.

Tipp

Ein besonderes Erlebnis ist es immer wieder, an einer Brutwabe zu beobachten, wie eine schlüpfende Jungbiene die verdeckelte Zelle von innen aufbeißt.
Oft kommt dann eine Stockbiene hinzu und beißt auch von außen den Wabendeckel ab.

Pollen und Bienenbrot

Flugbienen bringen auch Pollen in den Bienenstock; sie werden dann von den Stockbienen zu den vorgesehenen Pollenzellen geleitet. Den Pollen nehmen die Stockbienen den Flugbienen ab und stampfen ihn mit den Beinen in die Pollenzelle. Dabei geben die Stockbienen eigene Sekrete hinzu und stoßen so eine Milchsäuregärung (Fermentierung) an. Durch diesen Prozess entsteht aus dem Pollen das Bienenbrot (Perga) (Abb. 8).

Bevor die Stockbiene ihre Karriere als Flugbiene beginnt, wird sie als **Wächterbiene** eingesetzt. Sie verteidigt das Flugloch gegen Feinde. Wenn sich eine Biene von einem anderen Volk aufgrund von Wetterumständen in einen fremden Stock verflogen hat, wird diese untersucht, ob sie gesund ist. Gesunden Bienen, die Nektar oder Pollen dabeihaben, wird Asyl gewährt; kranke Bienen werden hingegen nicht im Volk aufgenommen.
Nach etwa 20 Tagen wird die vollentwickelte Stockbiene zur **Flugbiene**. Sie kann 5–6 km weit fliegen, um Nektar und Pollen zu sammeln. Natürlich ist es idealer, wenn das Trachtangebot (Futterquelle) nur im Umkreis von 1 km um den Standort herum vorhanden ist. Die Biene braucht dann weniger Energie („Treibstoff-Honig"), weniger Flugzeit und kann somit mehr Nektar und Pollen sammeln. Nur wenn Trachtmangel besteht, fliegt sie bis zu 6 km weit.

Die Honigbiene ist blütenstet, das bedeutet, wenn sie aus dem Flugloch fliegt und sich auf die Blüte setzt und Nektar und Pollen

Das Bienenbrot entsteht durch Milchsäuregärung – ähnlich wie bei der Herstellung von Sauerkraut aus Weißkohl.

Abb. 8: Bienenbrot wird in Wabenzellen gelagert und dient der Fütterung der Brut.

Die Flugbiene kann ca. 3–4 Wochen lang Nektar, Pollen oder Wasser sammeln und nach Hause fliegen, dann stirbt sie.

sammelt, fliegt sie danach die gleiche Art von Blüte an und bestäubt sie automatisch dabei. Selbst bei unterschiedlichen Apfelsorten bleibt sie bei der gleichen Blütenart, bis sie die Honigblase gefüllt hat und wieder zurück in den Bienenstock fliegt. Durch diese Strategie der Bestäubung werden die Blüten reinbestäubt, der Apfel (oder eine andere Frucht) wird schön groß und lässt sich länger lagern. Ebenso kommt es durch die Reinbestäubung zur schnelleren Fruchtbildung, was sich positiv auf die Frucht auswirkt.
Weitere Vorteile für Blüten sind, dass die Biene die Blüte vor Frost und vor Schädlingen schützt. Durch das Absaugen des flüssigen Nektars kann bei Spätfrösten (z.B. Eisheiligen) die Blüte nicht erfrieren (wo kein Wasser, da kein Frost). Auch Schädlinge, die vom Nektar leben, finden dann keine ausreichende Nahrungsquelle, und die Pflanzen können sich gesund entwickeln.

Im Frühling

Im März/April wird die erste Drohnenbrut geschaffen. Im April/Mai ist die Bienenpopulation bereits von ca. 5.000 Bienen im Januar/Februar auf ca. 30.000–50.000 Bienen herangewachsen. Alle anderen etwa 550 Arten von Wildbienen (Solitärbienen) sind um diese Zeit zahlenmäßig noch nicht so stark vertreten. Sie sind aber im Jahresverlauf ebenfalls für die Bestäubung und ökologische Vielfalt sehr wichtig.

Die Größe der Zelle bestimmt das Geschlecht

Während die Brutzelle der Biene 4,8–5,4 mm beträgt, ist die Drohnenzelle 6,2–6,4 mm groß. In die Bienenbrutzelle legt die Königin ein befruchtetes Ei, dann entsteht die Biene. In die größere Drohnenzelle legt die Königin ein unbefruchtetes Ei; daraus wird nach 24 Tagen eine **Drohne**.

Die Drohnenbrut ist bei Magazinbeuten meistens als „Drohnenkranz" um die Bienenbrut gebildet. Die Drohnenbrut hat ca. 2–2,5 mm tiefere Zellen als die Bienenbrut, und so ragen diese Drohnenzellen in die Wabengasse hinein. Dadurch ist die Wabengasse verkleinert, um vermutlich die Bienenbrut vor Abkühlung zu schützen. Bei der Bienenkugel-PRO ist die Auslegung der Bienenbrut anders. Statt der 2.000–3.000 Drohnen in Magazinbeuten werden in der Bienenkugel ca. 300–600 Drohnen aufgezogen. Die Drohnenbrutflächen sind dort kleiner und vereinzelt gebaut. Drohnen tragen auch zum Wärmehaushalt und zur Temperaturverteilung im Brutbereich bei. Durch den reduzierten Heizaufwand in der Bienenkugel, werden weniger Drohnen benötigt.

Im Bienenvolk bestimmen die Arbeiterinnen, wie viele Bienenzellen und wie viele Drohnenzellen angelegt werden.

Die **Königin** wird mit Gelée royale (Königinnenfuttersaft) gefüttert und kann bis zu 2.000 Eier am Tag legen. Die 2.000 Eier sind ungefähr so schwer, wie das Eigengewicht der Königin. Eine Königin kann 5–6 Jahre alt werden. Die natürliche Vermehrung eines Bienenvolks geschieht durch Schwärmen. Im Mai und Juni, wenn genügend Tracht vorhanden ist und die Temperaturen angenehm sind, entscheidet oft ein starkes Bienenvolk mit ca. 40.000–60.000 Bienen, dass es eine neue Königin möchte (Abb. 10). Die Bienen bauen dann die sogenannte **Weiselzelle**; sie ist größer als die Bienen- und Drohnenzellen und hängt in der Wabe senkrecht nach unten (Abb. 11). In diese Weiselzelle legt die Königin das adäquate Ei einer Arbeiterin.

Exkurs: Wabenherstellung – ein Kunstwerk

Jede Arbeiterbiene ist mit 8 Wachsdrüsen ausgestattet, die je nach Bedarf aktiviert werden können. Durch die Verstoffwechselung von Honig scheidet die Biene kleine Wachsblättchen aus den Wachsdrüsen. Diese Wachsblättchen werden durch Wärme verschmolzen und dann von den Bienen zu den Wachszellen geformt.

Abb. 9: abgerundete Sechsecke

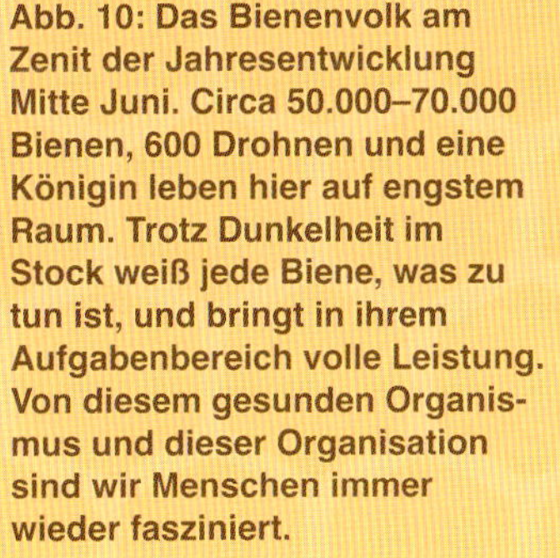

Abb. 10: Das Bienenvolk am Zenit der Jahresentwicklung Mitte Juni. Circa 50.000–70.000 Bienen, 600 Drohnen und eine Königin leben hier auf engstem Raum. Trotz Dunkelheit im Stock weiß jede Biene, was zu tun ist, und bringt in ihrem Aufgabenbereich volle Leistung. Von diesem gesunden Organismus und dieser Organisation sind wir Menschen immer wieder fasziniert.

In einem Bienenvolk werden keine zwei Königinnen gleichzeitig geduldet.

Abb. 11: In der Weiselzelle wächst eine neue Königin heran.

Abb. 12: Nur die Königin erhält Gelée royale als Futter.

Dieses Ei und die Made werden nun bis zum Verdeckeln der Weiselzelle von Stockbienen mit Gelée royale (Königinnenfutter) gefüttert (Abb. 11). Wegen dieses Futters entwickelt sich aus dem Ei keine Biene, sondern eine Königin.
Nach 16 Tagen schlüpft die Königin.
Bevor die neue Königin schlüpft, sammelt die alte Königin etwa 10.000–15.000 Bienen um sich und verlässt 1–2 Tage vorher mit diesen Bienen den Bienenstock. Das Bienenvolk mit der alten Königin zieht meistens um die Mittagszeit aus. Dann wird der Himmel schwarz von all diesen Tieren.

Die Schwarmbienen suchen sich meistens einen Baum in der Nähe und sammeln sich als Traube an einem Ast (Abb. 13). Bis zu 400 Erkundungsbienen suchen nun ein neues, sicheres und dunkles Zuhause. Manchmal geschieht dies auch schon vorher, bevor die Königin den Bienenstock verlässt, in der Regel aber nicht. Bei schlechtem Wetter kann evtl. die alte Königin mit ihrem Gefolge nicht schwärmen, die neue Königin schlüpft und es kann zum Königinnenkampf kommen.
Die stärkere Königin sticht dann mit ihrem Stachel die Schwächere tot.

Abb. 13: Schwärmende Bienen um die alte Königin hängen in dichter Traube oft an einem Baum in der Nähe.

Kälter als 0° C darf es in der Nacht ungeschützt nicht werden, sonst stirbt das ausgeschwärmte Bienenvolk am Baum.

Mangels alter Bäume mit Baumhöhlen oder leeren künstlichen Behausungen haben die Bienen nur 2 Möglichkeiten:

- Sie bleiben entweder am Ast hängen und fangen an, am Baum das Wabenwerk zu errichten. Meistens kommt aber der Imker und fängt die Bienen mit einer Schwarmfangkiste ein.
- Kommt der Imker nicht rechtzeitig, fliegt das Bienenvolk weiter und sucht sich einen neuen Wohnraum. Findet das Bienenvolk keinen, wird es mangels eines Schutzes sterben.

Den Honigmagen haben sich die Bienen vor Verlassen der Bienenbeute gefüllt, sodass die etwa 1–2 kg mitgenommenen Honigs für ein paar Tage zur Versorgung reichen.

Der gefangene Bienenschwarm ist in der Regel besonders vital. Lässt man den Schwarm in die Bienenkugel einlaufen und gibt Futter hinzu, um den Wabenbau zu unterstützen, kann man oft im gleichen Jahr noch eine kleine Menge Honig ernten.

Erst nachdem die alte Königin geschwärmt ist, schlüpft die neue Königin. Sie kann dann aber noch keine Eier legen, da sie noch von keiner Drohne begattet wurde. Um Inzucht zu vermeiden, findet die **Begattung** außerhalb des Bienenstocks in der Luft statt. Dort gibt es bestimme Drohnenplätze, wo sich die Drohnen von der Umgebung treffen. An schönen warmen Tagen fliegt dann die neue Königin mit einer Eskorte von Bienen – damit sie nicht von Vögeln gefressen wird – zu solch einem Drohnenplatz. Dort wird sie von 5–10 Drohnen begattet. Nach dem Begattungsakt stirbt die Drohne. Die Königin fliegt mit der Eskorte zurück in den Bienenstock. Nach ein paar Tagen kann die Königin bereits mit der Eiablage beginnen. Der Vorrat an Spermien reicht bis zu ihrem Lebensende in 5–6 Jahren.

Sommer

In vielen Gebieten in Deutschland fällt die Haupthonigernte heute auf die Monate Mai und Juni. Im Juli und August ist auf dem Land mit keinen großen Honigerträgen mehr zu rechnen. Um möglichst viel Honig ernten zu können, besteht die Imkermethode in der **Schwarmverhinderung**. Das bedeutet, dass man während der Schwarmzeit die Bienenvölker alle 7 bis maximal 9 Tage kontrolliert und die Weiselzelle (Königinnenzelle) entfernt. Dadurch werden die Bienenvölker größer und können sich nicht teilen. Je mehr Bienen im Volk vorhanden sind, desto mehr Honig kann eingetragen werden. Meistens müssen die Bienenvölker dann nach der Honigernte im Juni wegen Trachtmangel mit Zucker zugefüttert werden.
In vielen Städten ist heute trotz dichter Bebauung das ganzjährige **Trachtenangebot** besser als auf dem Land. In Parks und Straßen stehen viele Bäume wie Rosskastanie, Linde, Akazie, Edelkastanie, Robinie usw., die eine gute Tracht für die Bienen bieten. Außerdem sind in den Vorgärten oft Hecken und Kräuter für die Bienen vorhanden. Der Honigertrag kann deshalb in der Stadt höher ausfallen als auf dem Land. In alten Imkerbüchern wird beschrieben, dass um das Jahr 1930 der meiste Honig im Juli/August geerntet wurde. Damals war die Kornblume in den Getreidefeldern reichlich vorhanden, die man heute leider nur noch selten dort sieht. Die meisten der sogenannten „Unkräuter" sind jedoch tolle Nahrungsquellen für die Bienen.
Zur Sonnenwende am 21. Juni sind die Bienenvölker auf dem Höhepunkt der Entwicklung angelangt. Die Tage werden wieder langsam kürzer und bei den Bienenvölkern kann man beobachten, dass die Brut abnimmt. Auch werden nicht mehr so viele Drohnenzellen gebaut. Es ist warm, die Drohnen braucht man nicht mehr zusätzlich zum Heizen, und für die eventuelle Notbegattung einer Königin reichen wenige Drohnen aus. Bis zu diesem Zeitpunkt wurden die stachellosen Drohnen von den Bienen gefüttert. Nun kann man am Flugloch immer wieder beobachten, dass die Drohnen von den

Exkurs: Geschichte

Heute beträgt die Bienendichte in Deutschland ca. 2–4 Bienenvölker pro Quadratkilometer. Im 15. Jahrhundert gab es in den Hochburgen der Bienenhaltung in Nürnberg und Feucht nach Überlieferung ca. 77 Bienenvölker pro Quadratkilometer. Ohne Zuckerfütterung (Zucker gab es damals noch nicht) konnten sich die Menschen den überschüssigen Honig von den Bienen wegnehmen, ohne den Bienen zu schaden. Das übergroße Trachtangebot im Mittelalter kann man sich heute nicht mehr vorstellen. Die Bienenhaltung erfolgte in Bäumen und Strohkörben. Die damalige Imkermethode war, dass man die Bienen schwärmen ließ, damit sie beim Neubeginn im Bienenstock möglichst viel Wachs produzierten. Honig war dabei eine Nebensache.

Wächterinnen nicht mehr in den Bienenstock gelassen werden; vereinzelt kommt es auch zu richtigen Drohnenschlachten; der Drohn wird nicht mehr gebraucht.

Im Juli/August werden dann schon die ersten Vorbereitungen für den Winter getroffen. Jetzt sind noch genügend Bienen vorhanden, um das vom Imker bereitgestellte Futter (Honig oder Zucker) in die Wachszellen einzulagern und zu verdeckeln. Durch ein spezielles Futter (Futtersaft) wird nun die Brut der Winterbienen herangezogen.

Herbst und Winter

Die **Winterbienen** können bis zu einem halben Jahr alt werden. Völker in Magazinbeuten benötigen ungefähr doppelt so viel Futter wie in der Bienenkugel. In der Bienenkugel reichen je nach Volksstärke 6–9 kg Futtervorrat in den Waben. Bei Magazinbeuten werden ca. 20 kg benötigt. Um Eingriffe in das Bienenvolk zu verringern, ist es sinnvoll, in 1- bis 2-wöchentlichen Abständen das Gewicht der Bienenbehausung zu überprüfen.

Je nach Trachtangebot (evtl. vorhandene blühende Zwischenfrüchte) und Wetterbedingungen kann die Königin ab Ende Oktober aus der Brut gehen. Das bedeutet für die Stockbiene, dass sich der Heizaufwand und der Energieverbrauch wesentlich reduzieren. In der Zwischenzeit hat sich das Bienenvolk verringert. Drohnen sind normalerweise keine mehr vorhanden und die ca. 5.000–10.000 Bienen überwintern in Traubenform (Kugelform) über die Waben verteilt. Je kälter es wird, umso mehr ziehen sich die Bienen zusammen. So wird die Oberfläche kleiner und der Heizaufwand möglichst gering gehalten. In dieser kugeligen Traubenform wechseln die Bienen regelmäßig von der äußeren kalten Hülle in den inneren Kern, und die Bienen vom warmen Kern wechseln nach außen. Eine perfekte Heizstrategie!

Erst im Frühjahr, wenn die Königin wieder Eier legt, steigt die notwendige Heiztätigkeit und damit auch der Energieverbrauch. Und wieder beginnt ein neues Bienenjahr, mit neuen Überraschungen.

Der Zeitraum für das benötigte Winter-Futter muss von der Efeublüte im Oktober bis zur Kirschblüte im April/Mai reichen.

Wer mit dem Imkern beginnt, bekommt mit der Zeit einen sehr engen Bezug zu seinen Bienen, zum Jahreslauf und zur Natur.

Notfall!

Stirbt eine Königin unerwartet, ist dies ein echter Notfall. Es kann auch beim Imkern passieren, dass die Königin unbemerkt von der Wabe fällt, oder man zerquetscht sie versehentlich. Dann merkt das Bienenvolk sehr schnell, dass die Königin fehlt, weil der individuelle Pheromon-Duftstoff, den sie ständig aussendet, fehlt. Die Bienen wissen sich zu helfen: Sie nehmen das letzte befruchtete Ei, das die Königin gelegt hat, und bauen die Wabenzelle in eine Weiselzelle um. Durch die Fütterung von Gelée royale bekommen die Bienen in absehbarer Zeit wieder eine neue Königin.

Der Schwarm – die natürliche Vermehrung eines Bienenvolks

Trotz vieler Anstrengungen in der Bienenzüchtung ist es noch nicht gelungen, unseren Bienen die natürliche Vermehrung wegzuzüchten. Man kann sich also durchaus die Frage stellen: Ist unsere Honigbiene ein Haustier oder ein Wildtier?

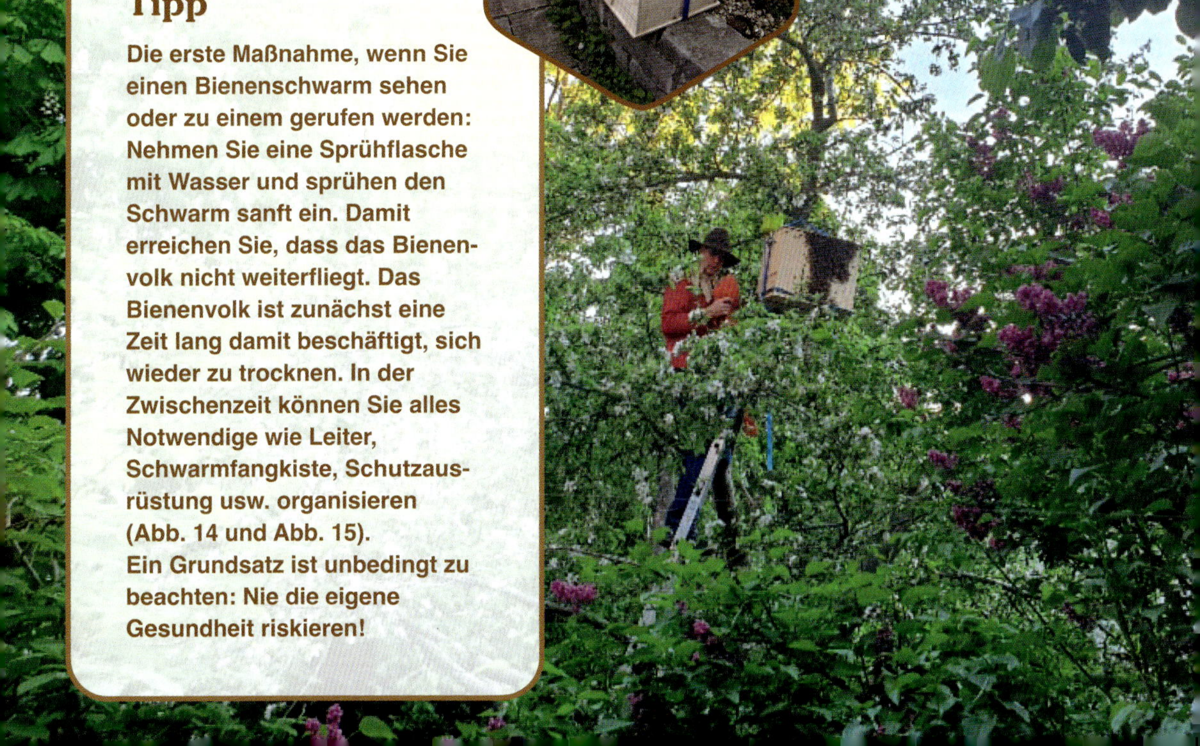

Abb. 14: Einen Schwarm einzufangen, ist nicht immer leicht. Manchmal hängen Schwärme sehr weit oben im Baum. Wenn man den Schwarm mit einer Leiter nicht sicher erreichen kann, muss man ihn leider hängen lassen und evtl. beobachten, wohin er weiterzieht.

Abb. 15: Heute gibt es viele Hilfsmittel wie Schwarmfangkisten und Säcke (auch mit Verlängerung), damit man möglichst viele Schwärme retten kann.

Tipp

Die erste Maßnahme, wenn Sie einen Bienenschwarm sehen oder zu einem gerufen werden: Nehmen Sie eine Sprühflasche mit Wasser und sprühen den Schwarm sanft ein. Damit erreichen Sie, dass das Bienenvolk nicht weiterfliegt. Das Bienenvolk ist zunächst eine Zeit lang damit beschäftigt, sich wieder zu trocknen. In der Zwischenzeit können Sie alles Notwendige wie Leiter, Schwarmfangkiste, Schutzausrüstung usw. organisieren (Abb. 14 und Abb. 15).
Ein Grundsatz ist unbedingt zu beachten: Nie die eigene Gesundheit riskieren!

Voraussetzungen für das Halten von Bienen

Grundsätzlich kann jeder Mensch Bienen halten; so imkern mittlerweile 13-Jährige, aber auch 95-Jährige mit der Bienenkugel. Für das Halten von Bienen gibt es landesspezifische Gesetze und Vorschriften. Bitte informieren Sie sich also vorab, was in Ihrer Region gilt. Grundsätzlich müssen Standort und Anzahl der Bienenvölker gemeldet werden. Das ist wichtig, denn bei ansteckenden Bienenkrankheiten, wie z. B. der meldepflichtigen amerikanischen Faulbrut, werden Sie informiert, welche Maßnahmen in Ihren Gebieten notwendig sind.

Wer eine Allergie gegen Bienengift hat, sollte vorher mit seinem Arzt sprechen. Es gibt heute sehr viele wirksame Medikamente, die in solch einem Fall helfen.

Wenn Sie einen Garten für die Bienenaufstellung zur Verfügung haben, sollten Sie vorab mit Ihren Nachbarn reden, um späteren Ärger zu vermeiden.
Bienen fliegen nicht auf die Marmelade am Frühstückstisch im Freien; das machen nur Wespen. Heutzutage sind viele Menschen froh, wenn wieder Bienen in ihrer Nachbarschaft gehalten werden, da sie oft wegen fehlender Bestäubung nur schlechten Fruchtertrag im Garten bekommen. Wenn Sie 3 m Abstand zur Grundstücksgrenze einhalten, kann Ihr Nachbar nichts dagegen einwenden.

Bei bis zu 25 Bienenvölkern kann der Honig steuerfrei an der Haustür verkauft werden. Das Hobby-Imkern fällt unter „Liebhaberei“. Ab 25 Bienenvölkern sprechen Sie am besten mit Ihrem Finanzamt oder Steuerberater.

Schulungen im Imkerverein

Auch wenn Sie vielleicht ein Vereinsmuffel sind, kann Ihnen eine Imkerausbildung beim örtlichen Imkerverein weiterhelfen. Sie können sich mit erfahrenen Vereinsmitgliedern austauschen und bekommen dort vielleicht auch das erste Bienenvolk. Die Bienenkugel wird immer mehr in den Imkervereinen integriert, und der Erfahrungsaustausch wächst. Imkervereine bieten auch Vorträge und Schulungen durch externe Bienenkugel-Imker an. Man hat erkannt, dass sich viele Probleme in der heutigen Imkerei mit der Bienenkugel-PRO lösen lassen, wie z. B. Rückenschmerzen durch ständiges Heben der schweren Magazine (siehe Seite 68) oder zu feuchter Honig in Magazinbeuten. Alternativ können Sie in Ihrer Umgebung einen Imker finden, der bereit ist, Sie am Anfang zu betreuen. Vielleicht können Sie von diesem Imker auch ein Bienenvolk erwerben.

Entwicklung der Bienenkugel

Die Entwicklung der Bienenkugel-PRO war ein sich über ca. 10 Jahre erstreckender Prozess.
Im Mittelpunkt dieser Entwicklung steht die Honigbiene als Bienenvolk im Jahreslauf. Was heute rückblickend in Teilen einfach und verständlich aussieht, ist in der Entwicklung nur mit Fachleuten aus den unterschiedlichsten Gebieten möglich gewesen. Hervorheben möchte ich den Input und die Diskussionen mit vielen erfahrenen Hobby- und Erwerbsimkern. Dieser Gruppe sollten wir alle dankbar sein, dass sie uns unter schwierigsten Umständen die Honigbiene erhalten hat.

Ein Grundsatz der Entwicklung für die Bienenkugel ist natürliches Wachstum.

Erfahrungen in Energie- und Produktionsunternehmen haben mir gezeigt, dass für eine nachhaltige Entwicklung neue Wege zu gehen sind. Hier können wir bei einem Blick auf die Bienen in vielen Bereichen sehr viel lernen. Ob in der Organisation, Entwicklung, Produktion, Auswahl von Werkstoffen, Auswahl von Räumen, Qualitätssicherung, Vertrieb/Marketing und Sicherung des Fortbestands: Hier sind die Bienen uns Menschen überlegen.
Obwohl ein Bienenvolk eine Königin hat, gibt es keine Hierarchie im Staat. Jedes Individuum, ob Königin, Biene oder Drohne, steht auf Augenhöhe zu den anderen. Jeder hat instinktiv seine Aufgaben zu erledigen. Auch jeder einzelne Mensch hat seine Aufgabe und Berufung. Leider werden diese Aufgaben oft durch Einhaltung der Hierarchie in Familie, Beruf und Gesellschaft nicht erkannt und umgesetzt. Um klare Entscheidungen treffen zu können, habe ich mich deshalb entschlossen, keine Spenden, Sponsoren und Steuergelder für die Entwicklung in Anspruch zu nehmen. Stellen Sie sich ein Bienenvolk vor, das zum Bauen der Wachswaben Honig von einem anderen Bienenvolk ausleihen bzw. einen Kredit nehmen würde.
Deshalb hat die Entwicklung der heutigen Bienenkugel viele Entwicklungsschleifen notwendig gemacht. Ein Dank geht an die Imker in über 20 Ländern, die Vertrauen in die Bienenkugel setzten und einen großen Teil zur heutigen Weiterentwicklung beigetragen haben. Man könnte auch von

Die Bienenkugel hat sich mittlerweile von der klassischen runden Kugel mit 33 Litern Volumen mit aufsetzbarem Honigraum zu einem liegenden aufklappbaren Zylinder weiterentwickelt.

einer ungeplanten, weltweiten Feldforschung sprechen mit unterschiedlichen Bienenrassen, klimatischen Bedingungen, Trachtangeboten und Imkermethoden.

Exkurs: Fertigung

Um der ständig steigenden Nachfrage nachzukommen, werden heute mit neu entwickelten Werkzeugen Einzelteile wie die Rähmchen in Großserien hergestellt. Holzteile werden im Handwerk, in Behinderten-Werkstätten im In- und Ausland gefertigt. Im Bausatz werden aber auch sehr kostengünstige Varianten angeboten. Rund zu bauen, muss nicht teurer sein, wenn man weiß, wie es geht. Dieses Know-how erhält jeder, der mit dem Imkern in der Bienenkugel beginnt.

Abb. 16: Bienen nutzen die Ecken bei Waben der Magazinbeuten häufig nicht aus.

Beobachtungen bei Magazinbeuten

- Bienen bauen ungern in die Ecken (Abb. 16).
- Das Brutnest ist rund ausgelegt.
- Ecken sind kalt.
- In den Ecken entsteht oft Kondenswasser.
- Feuchter Honig, der von den Bienen schlecht getrocknet werden kann und unter Umständen nach dem Schleudern zu gären beginnt.

Simulation am Computer

Heute können Computersimulationen bei der Entwicklung von Maschinenbauteilen, Motoren und anderen industriellen Teilen sehr hilfreich sein. Aber auch Anwendungen für die Tierwelt, in diesem Falle für die Bienen, helfen sie, die richtigen Entscheidungen für die Konstruktion und die Formgebung zu treffen (Abb. 17).

- Eckige Formen kühlen schneller ab als runde Formen bei gleichem Volumen.
- Eckige Geometrien besitzen eine größere Oberfläche als runde Formen.
- Ecken wirken als Wärme- bzw. Kältebrücken.

Abb. 17: Computersimulationen helfen, die Vorgänge im Inneren einer Beute zu verdeutlichen.

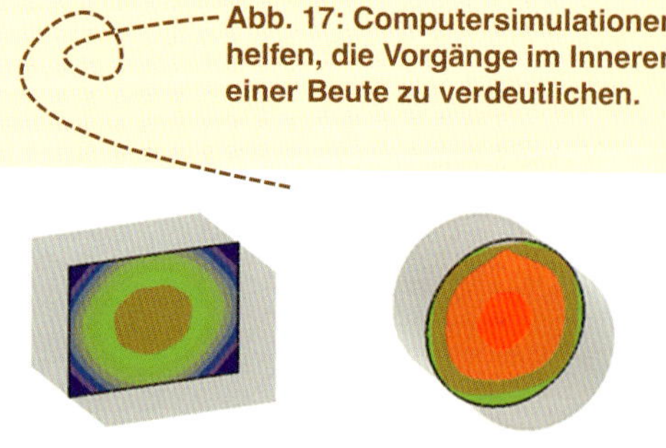

Physik zum Wärmehaushalt

Wärmebrücken = Kältebrücken

Im Volksmund wird von Kältebrücken gesprochen; Baufachleute hingegen sprechen von Wärmebrücken.

Definition:

Wärmebrücken sind örtlich begrenzte gestörte Bereiche in Bienenwohnungen oder menschlichen Bauwerken, die einen größeren Wärmestrom als die ungestörten Bereiche aufweisen.

Wenn wir Menschenwohnungen und Bienenwohnungen physikalisch untersuchen, werden wir viele Parallelen feststellen.
Deshalb kann uns eine Analyse der drei Arten von Wärmebrücken helfen, Lösungswege zu finden.

- konstruktionsbedingte Wärmebrücken
- materialbedingte Wärmebrücken
- geometriebedingte Wärmebrücken

Meistens greifen die unterschiedlichen Wärmebrücken ineinander (Abb. 18). Bei der Betrachtung heutiger eckiger Bienenbeuten wirkt das Metallgitter am Boden sowohl materialbedingt als auch konstruktionsbedingt als Wärmebrücke. Das eckige Flugloch kann als eine konstruktionsbedingte Wärmebrücke angesehen werden; die Ecken sind geometrische Wärmebrücken. Ähnlich wie bei den Bienen ist es in unseren Häusern (Abb. 19). In den Ecken ist es kalt und die relative Luftfeuchtigkeit ist höher als in der Raummitte. Die Ecken wirken wie Kälterippen (Abb. 20 und Abb. 21). Das bedeutet, dass wir entsprechend mehr heizen müssen. Außerdem ist die Gefahr der Taupunktüberschreitung und der Schimmelbildung gegeben.

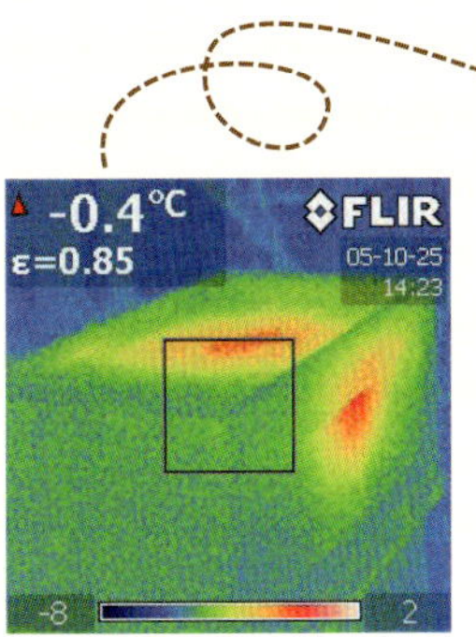

Abb. 18: Auf dem Wärmebild sieht man die kalten Ecken, die permanent Wärme vom Bienenvolk abziehen. Das warme Bienenvolk sitzt als Kugelform, dort, wo die beiden roten Flecken zu sehen sind.

Abb. 19: Wärmebild eines Standardhauses.

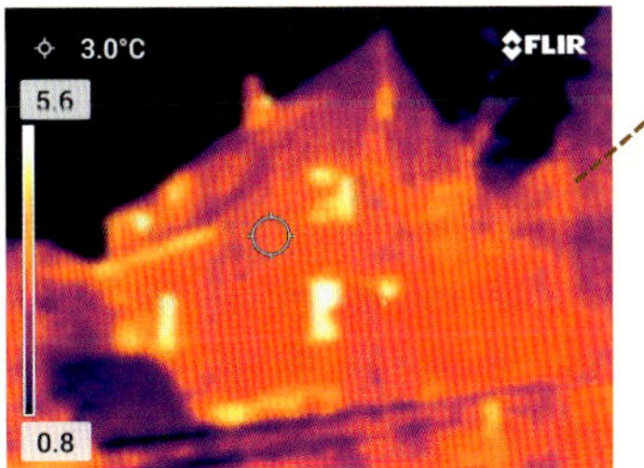

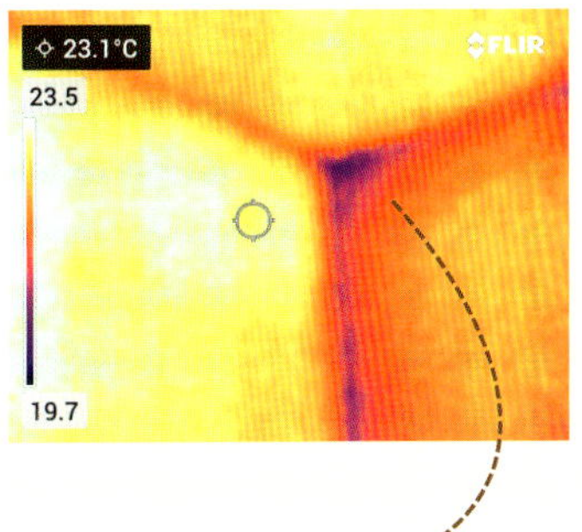

Abb. 20: In den Ecken entweicht die Wärme besonders gut.

Abb. 21: Fotografierte Ecke.

Taupunkt

Als Taupunkt bezeichnet man den Zustand, an dem die Luft mit Wasserdampf gesättigt ist. Je niedriger die Temperatur, desto weniger Wasser kann die Luft aufnehmen. Taupunktüberschreitungen kennen wir viele; Beispiele für gesättigte Luft mit Wasserdampf sind:

- Brillenträger wissen, wenn sie von der Kälte in einen warmen Raum kommen, beschlagen die Brillengläser, weil der Taupunkt der gesättigten Raumluft an den kälteren Gläsern überschritten wird.
- Kondensstreifen entstehen bei Düsenflugzeugen.
- Im Herbst und Winter können in der Nacht im Schlafzimmer durch unsere Verdunstung über die Haut und die feuchte Atemluft die Fensterscheiben anlaufen (kondensieren).

Beim Taupunkt hat die Luft 100 % relative Luftfeuchtigkeit.

In unseren Wohnungen können schon bei 80 % relativer Luftfeuchtigkeit Bakterien, Viren und Schimmelsporen leben und keimen.

Die absolute und maximale Feuchte wird in g/m³ angegeben. Das Verhältnis zwischen der absoluten und der maximalen Luftfeuchte wird in % relativer Luftfeuchte angegeben. Die folgende Taupunkttabelle zeigt, bei welchen Temperaturen Tauwasser in Abhängigkeit von der relativen Luftfeuchtigkeit auftritt (Tab. 1).

Physik zum Wasserhaushalt

Feuchtigkeit im Bienenstock

Ist es im Bienenstock zu feucht, lässt sich dies meist auf mehrere Ursachen zurückführen (Abb. 22).

Tab. 1: Taupunkttemperaturen in °C bei unterschiedlicher relativer Luftfeuchte.

Temperatur in °C	45 %	55 %	65 %	75 %	85 %	95 %
35	18	25	26	28	32	34
30	17	20	23	25	27	29
25	12	15	18	20	22	24
20	8	11	13	15	17	19
15	3	6	9	11	13	14
10	-1	1	4	6	8	9
5	-6	-3	-1	1	3	4
0	-11	-8	-6	-4	-2	-1

Werte gerundet

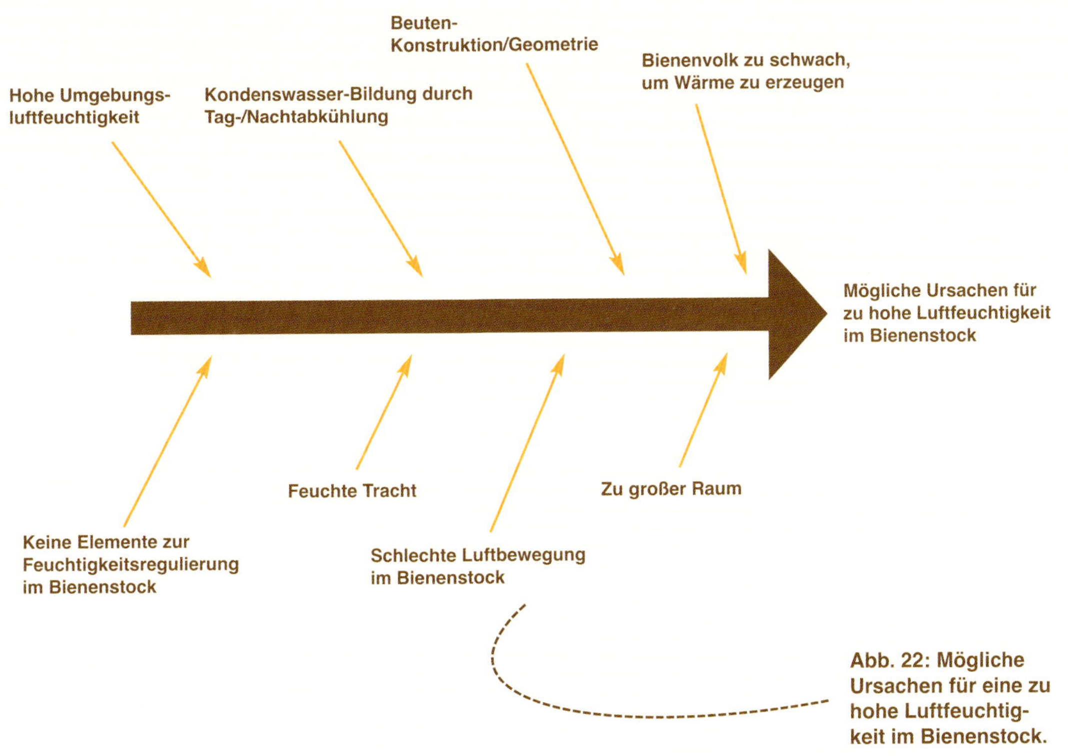

Abb. 22: Mögliche Ursachen für eine zu hohe Luftfeuchtigkeit im Bienenstock.

Einflüsse des Makroklimas auf das Mikroklima

Sonne, Wetter und Atmosphäre nehmen einen wesentlichen Einfluss auf die unterschiedlichen Bienenhabitate (Abb. 23). Eine Baumhöhle ist für die Bienen die optimale Behausung. Mangels alter Bäume mussten die Menschen jedoch zunehmend künstliche Bienenbehausungen schaffen. Heute sind wir in der Lage, mit Messinstrumenten die zwei wichtigsten Parameter – Temperatur und Feuchtegehalt – zu messen, um dann Abhilfemaßnahmen einleiten zu können.

Bei vielen Bienenkrankheiten sind oft fehlende Wärme und eine zu hohe Luftfeuchtigkeit im Bienenhabitat die eigentliche Ursache.

Ungünstige Geometrien und Werkstoffauswahl können die Belastung eines Bienenvolks verstärken. Dies kann zu einem erhöhten Futterverbrauch bei Hitze und Kälte führen.

Wenn Magazinbeuten im Sommer direkt in der Sonne stehen, kann es zu einer erhöhten Stocktemperatur kommen. Die Bienen haben aber auch für diesen Fall eine Methode, die Temperatur zu senken. Sie schalten die „Klimaanlage“ ein:

Abb. 23: Das Mikroklima im Bienenstock ist vom Außenklima und den geometrischen Verhältnissen der Behausung abhängig.

Es werden Flugbienen beauftragt, Wasser in den Bienenstock zu fliegen, was einen erhöhten Energieaufwand für die Bienen bedeutet. Durch die Verdunstungsenergie sinkt dann die Temperatur im Stock.

Temperaturmessungen in Magazinbeuten

Temperaturmessungen in Magazinbeuten verdeutlichten im Experiment den Einfluss des Außenklimas auf das Innenklima (Abb. 24). Die Position des zur Messung eingesetzten Temperatursensors war am Brutzellenrand angebracht.
Wie die Kurve in der Magazinbeute zeigt, können die Randbrutzellen von den Bienen nicht mit konstanter Wärme versorgt werden. Dies kann Entwicklungsrückstände der Brut nach sich ziehen. Im schlimmsten Fall kann die Brut absterben und die Bienenkrankheit „Kalkbrut" entstehen.
Eine Unterversorgung der Brut mit Wärme kann auch zu einer stärkeren Population der Varroamilbe beitragen (siehe Seite 64).

Fällt laut Taupunkttabelle bei einer Temperatur von 35° C und 55 % relativer Luftfeuchtigkeit die Temperatur auf 25° C, entsteht Kondenswasser – der Taupunkt

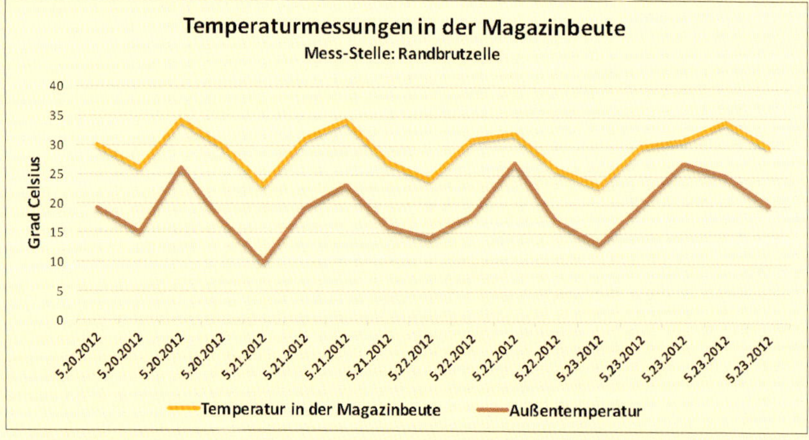

Abb. 24: Temperaturmessungen bei einer Magazinbeute.

Abb. 25: Kondenswasser bei der Folienabdeckung einer Magazinbeute. Es wird von den Bienen nicht verwendet.

Wenn man bedenkt, dass Bienen im Frühjahr 100–600 ml Wasser pro Tag von Teichen und Bienentränken für die Brut in den Bienenstock fliegen, kommt die Frage auf, ob die Bienen nicht zuerst das Kondenswasser unter der Folie für ihren Bedarf verwenden würden?

ist erreicht. Wie in Abbildung 24 ersichtlich ist, fällt mit der Tag-/Nacht-Temperatur auch die Temperatur im Innenraum der Beute. Die Temperatur fällt von knapp 35° C unter 25° C. Das bedeutet, dass sich Kondenswasser bildet (Abb. 25). Dieser Vorgang kann sich täglich mit den schwankenden Außentemperaturen wiederholen, und die Schimmelbildung wird damit verstärkt.

Werkstoffeigenschaften

Die Wahl der in einer künstlichen Bienenbehausung verwendeten Materialien hat einen entscheidenden Einfluss auf das Innenklima und damit auch auf das Wohlergehen und Gedeihen sowie den Energiehaushalt des ganzen Bienenvolkes. Entscheidend sind die Wasserbindekapazität und auch die Isolationseigenschaften der Materialien (Abb. 26 und Tab. 2).

Kunststofffolie

Beginnend ab etwa 1970 wird eine Folienabdeckung in der Imkerei bis heute fast weltweit angewendet. Kanadische Imker diskutierten bei der Einführung der Folienabdeckung über das Pro und Kontra. Ein Vorteil ist, dass man die Bienen besser beobachten und sehen kann, wo das Bienenvolk sitzt. Dadurch kann man Eingriffe in das Bienenvolk vermeiden.

Tab. 2: Gerundete Werte für die die Wassersaugfähigkeit in % vom Eigengewicht verschiedener Materialien.

	Wassersaugfähigkeit vom Eigengewicht in ca. %	Eigenschaften
Kunststofffolie	0	schlecht wärmeisolierend
Nadelholz gehobelt	15	wärmeisolierend
Totholz	100	sehr gut wärmeisolierend
Holzwolle	300	gut wärmeisolierend

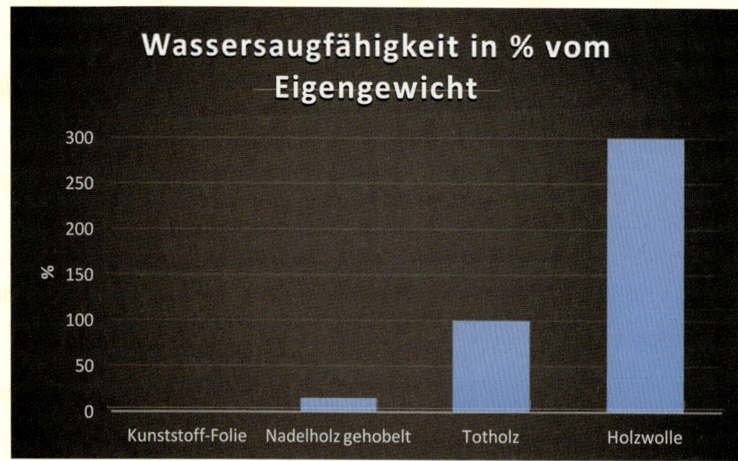

Abb. 26: Gerundete Werte für die Wassersaugfähigkeit in % vom Eigengewicht verschiedener Materialien.

Ein Nachteil ist dass sich unter der Folie Kondenswasser sammelt, das die Bienen jedoch nicht anrühren und die Gefahr von Schimmelbildung erhöht.

Nadelholzoberfläche gehobelt

Nadelholz kann ca. 15 % Wasserdampf aufnehmen (Abb. 26 und Tab. 2). Dies reicht jedoch nicht aus, um die Feuchtigkeit im Bienenstock zu regulieren.

Totholz

Totholz ist nicht gleich Totholz. Wenn ein Baum aufgrund von Alter, Baumart, Genen, Umwelt und klimatischen Einflüssen stirbt, wird dieser von bestimmten Baumpilzen je nach Art des Baumes in der Regel von innen nach außen zersetzt. Die Frucht solcher Baumpilze sieht man häufig in Form von Zunderschwämmen, die in Halbsichelform an den Stämmen hängen.

Der Sterbensprozess eines Baumes kann unter Umständen mehrere Hundert Jahre dauern. Der Baumpilz verstoffwechselt als Nahrung die Zellulose der Zellwände, das restliche organische Material, das Lignin und andere Bestandteile, zerfallen langsam zu sogenanntem Totholz. So entsteht mit der Zeit ein Hohlraum im Baum, der auch mithilfe von Bakterien, Insekten und Vögeln (u. a. Spechte) beschleunigt wird. Dieses Totholz ist ein sehr guter Isolator, außerdem kann es sehr viel Feuchtigkeit aufnehmen und wieder abgeben (Abb. 27 und Abb. 28). Es sorgt für ein angenehmes Wohnklima für die Bienen. Leider fehlen unseren Wäldern heute solche alten Bäume mit Baumhöhlen. Aus Totholz künstliche Bienenbeuten zu bauen, ist nicht möglich, da es beim Sägen, Bohren und Hobeln zerbröselt. Bienen mögen Totholz, ob einzelne Brocken im Bienenstock oder in einer Bienentränke. Vielleicht enthält Totholz antibiotische Pilze, die für die Gesundheit

Eine von innen nach außen durch Abbauprozesse entstandene Baumhöhle ist das natürliche Habitat der Honigbiene.

Abb. 27: Die Wasserbindekapazität von Totholz macht es für Bienen zu einer idealen Tränkestation. Das Totholz in der Bienentränke saugt sich mit Wasser voll. Die Bienen können Wasser aus dem Totholz aufsaugen, ohne die Gefahr zu ertrinken. Totholz von einem natürlich gestorbenen Baum beherbergt Bakterien und Pilze, die die Bienen brauchen. Trockenes Totholz kann man auch in die Rinne der Bienenkugel-PRO legen.

der Bienen wichtig sind. Hier forschen mittlerweile Bienen- und Lebensmittelforscher über die Anwendung des Totholzes für die Bienen und auch uns Menschen.

Abb. 28: Möglichkeit der Totholzeinlage.

Holzwolle

Holzwolle ist nicht nur ein guter isolierender Werkstoff, sondern sie kann durch die große Oberflächenstruktur auch viel Wasser aufsaugen und beim Trocknen die Feuchtigkeit wieder abgeben (Abb. 29). Die hygroskopische Holzwolle wirkt sich positiv auf das Raumklima aus. Holzwolle wirkt antibakteriell und antiviral.
Wenn man z. B. 100 g Holzwolle 30 Min. in ein Behältnis mit Wasser taucht, danach auswringt und austropfen lässt, dann hat die Holzwolle das Dreifache ihres Eigengewichts an Wasser aufgenommen. Sie wiegt dann 300 g. Holzwolle bildet auch ein gutes Habitat für den Bücherskorpion (siehe Seite 64). Wenn notwendig, kann man die Holzwolle nach einigen Jahren im Einsatz, auch austauschen. Die Holzwolle ist ein idealer Werkstoff für die Bienen.

Abb. 29: Holzwolle kann enorm viel Wasser binden.

Konstruktion und Fertigung

Zunächst stellt sich eine generelle Herausforderung: Wie baut man runde Bienenbehausungen? Und wie geht das auch in höherer Stückzahl?

Konstruktionshilfe CAD und CNC-Fertigung

Eckige Bauelemente lassen sich in der Regel sehr einfach auf einem Blatt Papier zeichnen und vermaßen. Nach dieser Zeichnung kann das Bauteil mit einfachen Maschinen hergestellt werden. So werden seit ca. 1850 mit einfachen Kreissägen eckige Bienenbehausen günstig hergestellt.
Mit den heutigen Computer-Konstruktionsprogrammen kann man am Bildschirm die komplexesten Geometrien konstruieren (Abb. 30). Dies bietet den Vorteil, dass man bereits im Entwurfsstadium konstruktiv die Belange der Bienen und des Imkers berücksichtigen kann. So lassen sich im Vorfeld Fehler vermeiden, die zu unnötigen Kosten, aber auch zu einem Misserfolg führen könnten. Notwendige Änderungen werden nach einem Praxistest auf diese Weise auch schnell umgesetzt. So ist eine schrittweise kontinuierliche Entwicklung möglich. Die Fertigung geschieht dann auf Basis der konstruierten Daten mittels eines CNC-Programms. CNC-gesteuerte Fräsmaschinen können damit die komplexesten Teile, Geometrien und Formen herstellen.

Dank neuer Techniken wie CAD-Software und CNC-Fräsen konnte die runde Bienenkugel entworfen und umgesetzt werden.

Von der Bienenkugel-klassik zur Bienenkugel-PRO

Die Bienenkugel-klassik ist seit 2013 im Einsatz – zunächst im Versuchsstadium. Nach mehreren Fernsehberichten, Medienberichten und der Inbetriebnahme der Homepage **www.bienenkugel.de** stieg das öffentliche Interesse an der neuentwickelten Bienenbeute „Bienenkugel" sehr schnell an.
Die Vorteile der Bienenkugel gegenüber eckigen Magazinbeuten sind schnell erkannt worden, was Hochschulen und Universitäten in eigenen Messreihen und Untersuchungen mittlerweile bestätigten.
Allgemein auffällig war die Aussage, dass die Bienen in der Bienenkugel viel friedfertiger sind im Vergleich zu Magazinbeuten. Durch einen aufsetzbaren eckigen Honig-

Mit der runden Form ist eine Energieeffizienz zu erreichen, die sich in 40–50 % weniger Futterverbrauch zeigt.

raum konnten die Waben, wie bei Magazinbeuten, geschleudert werden. Der Honig hat in der Regel durch die konstanten Temperaturen im kugeligen Brutraum nie einen Wassergehalt über 18 %.
Die Bienenkugel-klassik ist heute in über 20 Ländern weltweit erfolgreich im Einsatz. Durch Hinweise von vielen Bienenkugel-Imkern und -Imkerinnen und eigenen Erfahrungen zeigte sich, dass für manche Königinnen der Brutraum mit 33 Litern Volumen zu klein war. Außerdem war ein Verkleinern und Abtrennen des Brutraums mit einem Schied nicht möglich. Durch die Kugelform haben 5 der 11 Rähmchen unterschiedliche Durchmesser, was Ablegerbildungen im Volk erschwert hat. Zudem war der Material- und Fertigungsaufwand sehr hoch.

Schrittweise und in vielen Tests ist aus den Erfahrungen der Bienenkugel-klassik die Einraumbeute Bienenkugel-PRO als liegender aufklappbarer Zylinder entstanden.

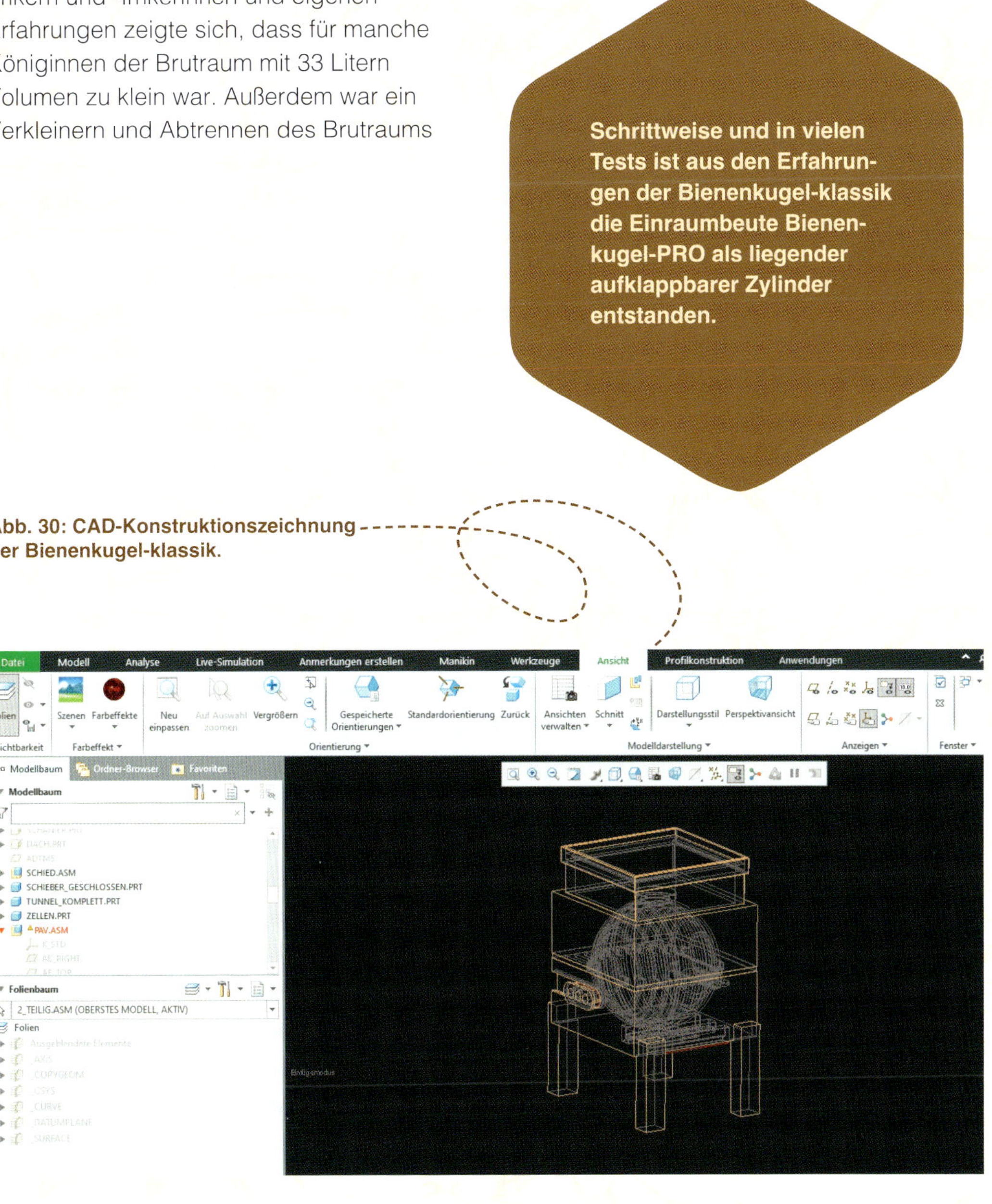

Abb. 30: CAD-Konstruktionszeichnung der Bienenkugel-klassik.

Die Bienenkugel-PRO

Die nächste Herausforderung: Wie öffnet man einen liegenden Zylinder?
Am Anfang stand die Frage, ob man einen liegenden Zylinder, in dem Bienen wohnen, überhaupt öffnen kann. Werden von den Bienen die beiden Stirnseiten evtl. mit Waben angebaut, sodass man beim Öffnen Wabenwerk zereißt? Der erste Versuch mit 11 gleichartigen runden Rähmchen war erfolgreich. Die nächste Überlegung ergab sich von selbst: Wenn man mit 19 bzw. 20 gleichen Rähmchen einen Wohnraum für das Bienenvolk hätte, bräuchte man keinen separaten Honigraum mehr aufsetzen. Dies wäre eine enorme Erleichterung in der Imkerei.
Bei den bisherigen Ausführungen war die Fertigung aus einem verleimten Stück Vollholz. Dies ist bei 19 gleichen Rähmchen nicht mehr möglich. Es musste ein völlig neuer konstruktiver Ansatz gefunden werden (Abb. 31). So ist die neue Bienenkugel-PRO als Hohlraumbauweise mit Holzwolleisolierung und Feuchteregulierung entstanden (Abb. 32).

Abb. 31: CAD-Konstruktionszeichnung der Bienenkugel-PRO.

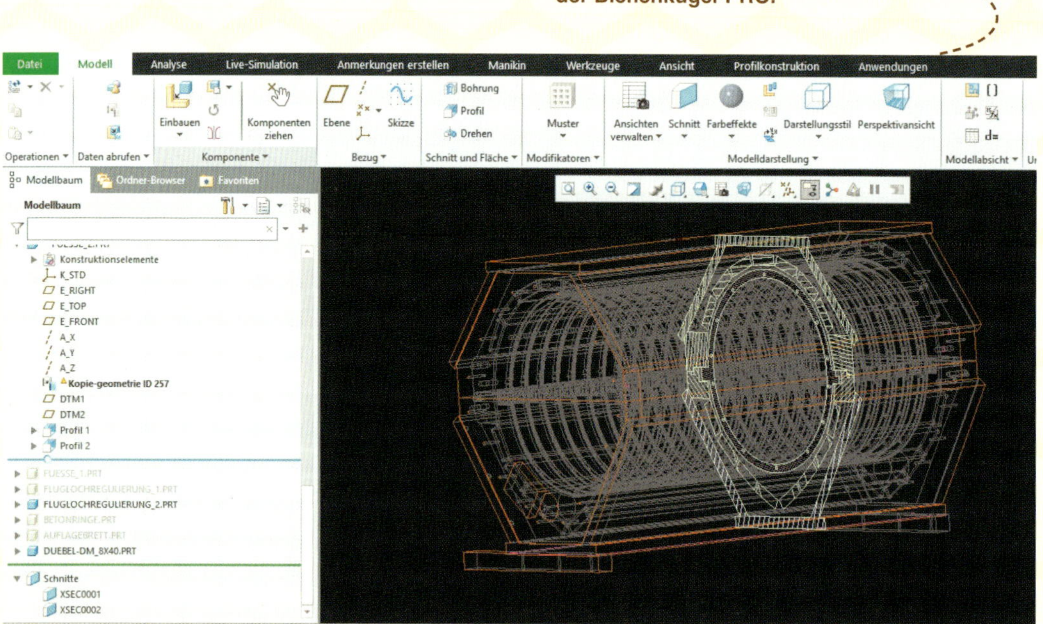

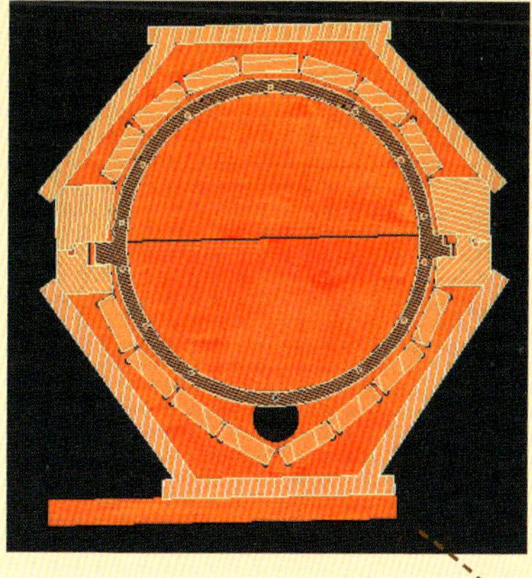

Abb. 32: CAD-Schnitt durch die Bienenkugel-PRO.

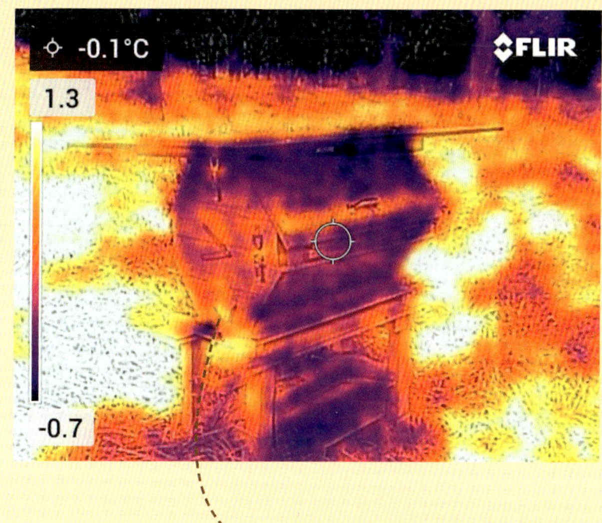

Abb. 33: Wärmebild von der Bienenkugel-PRO/BK 20.

Rähmchen

Eckige Rähmchen sind relativ einfach aus Holz herzustellen. Bei runden Rähmchen ist es nicht so einfach. Die ersten Rähmchen wurden aus Sperrholz gefertigt. Das hatte den Nachteil, dass viel Verschnitt beim CNC-Fräsen vorhanden war. Außerdem war die Maschinenkapazität begrenzt und teuer, sodass große Stückzahlen nicht zu fertigen waren. Aufgrund der steigenden Nachfrage wurde die Fertigung dann auf 3D-Druckern mit dem biochemischen Werkstoff aus der Maispflanze umgestellt. Heute werden die Rähmchen, die wie Kunststoff aussehen, im Pressverfahren aus einem nachwachsenden Holzwerkstoff hergestellt, der bei der Papierherstellung als biologisches Nebenprodukt anfällt. Um die runden Rähmchen fixieren zu können, sind zwei Lager angebracht. Das rechte Lager ist abgesetzt. Im Unterteil der Bienenkugel-PRO ist eine Hinterschneidung angebracht, dadurch kann bei einem Wachsüberbau das Rähmchen beim Öffnen der Beute nicht aus dem Sitz gezogen werden (Abb. 32).

Messen und beobachten (Validierung)

Aufnahmen mit der Wärmebildkamera zeigen, dass die neue zylinderförmige Konstruktion der Bienenkugel-PRO minimale Wärmebrücken aufweist (Abb. 33). Die Bauweise unterstützt das Bienenvolk bei der Erhaltung einer konstanten Bruttemperatur. Dadurch ist auch eine gleichmäßige relative Luftfeuchtigkeit gegeben, und das Risiko einer Taupunktüberschreitung wird reduziert.

Durch den Einsatz von Wärme- und Trennschieden kann ein Bienenvolk noch unterstützt werden.

Physikalische Messungen in der Bienenkugel-PRO

Moderne Temperatur- und Luftfeuchtigkeitssensoren können die Messungen in einem bestimmten Intervall automatisch durchführen (Abb. 34). Die Messdaten werden gespeichert und können jederzeit ausgelesen werden. Die Position des Sensors wurde am Brutrand angebracht.

Relative Luftfeuchtigkeit

Bei den Randbrutzellen lag die relative Luftfeuchtigkeit sehr konstant bei 56–59 % (Abb. 35). Dies korreliert auch mit der konstanten Bruttemperatur.

Temperaturmessungen

Trotz Tag-/Nacht-Temperaturschwankungen von bis zu 16° C konnten die Bienen die Bruttemperatur konstant bei 35° C halten (Abb. 36). Es resultieren daraus gesunde Bienen, geringer Futterverbrauch und ein geringerer Varroa-Befallsdruck (siehe Seite 64).

Die Aufgabenverteilung im Bienenvolk verändert sich mit der Bienenkugel-PRO: Es werden sichtlich nicht mehr so viele Heizerbienen auf den Brutwabenflächen benötigt.

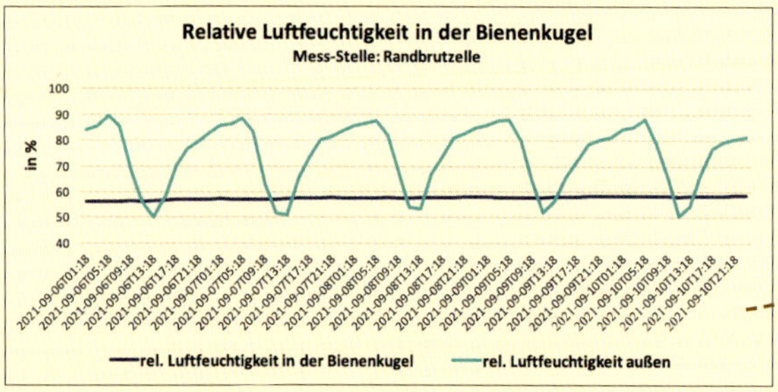

Relative Luftfeuchtigkeit in der Bienenkugel
Mess-Stelle: Randbrutzelle
in %
rel. Luftfeuchtigkeit in der Bienenkugel
rel. Luftfeuchtigkeit außen

Abb. 35: Messungen der relativen Luftfeuchtigkeit in der Bienenkugel-PRO (Quelle: Max Böhm).

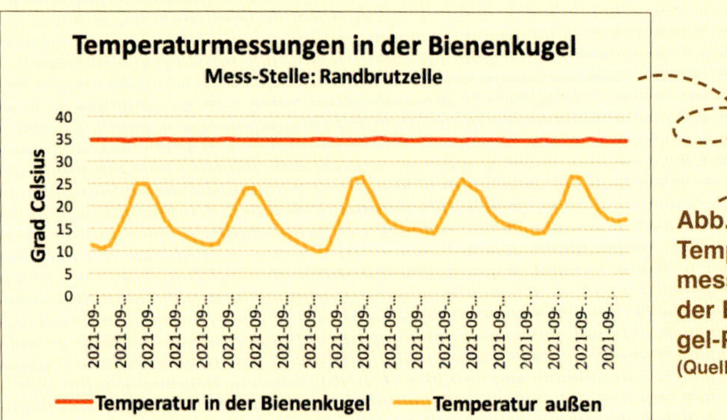

Abb. 36: Temperaturmessungen in der Bienenkugel-PRO (Quelle; Max Böhm).

Abb. 34: Datenlogger für kontinuierliche Temperatur- und Luftfeuchtigkeitsmessungen.

Bienenhabitate im Vergleich

Ein Vergleich der verschiedenen, bereits beschriebenen Bienenhabitate zeigt die Vorteile der Bienenkugel-PRO (Tab. 3, Seite 36).

Kosten-Nutzen-Rechnung

Diese Kalkulationsrechnung beim Start mit zwei Bienenvölkern soll Ihnen ungefähr zeigen, welche Kosten beim Imkern auf Sie zukommen können. Sie zeigt aber auch, welche Erträge zu erwarten sind (Tab. 4).

Tab. 4: Kosten-/Nutzen-Rechnung bei zwei Bienenvölkern im Vergleich.

	Magazinbeute		Bienenkugel	
Investition beim Start				
2 Bienenvölker	300 €		300 €	
Bienenbehausung	260 €		698 €	
Eigenleistung/Aufstellung/Material	50 €		150 €	
Ausrüstung (Imkeranzug, Schleier, Stockmeißel, Handschuhe, Abkehrbesen etc.)	175 €		175 €	
Schleuder mit Zubehör	650 €		650 €	
Literatur/Schulung	150 €		150 €	
Summe Investition	**1585 €**		**2123 €**	
Haltbarkeit	20 Jahre		20 Jahre	
Investitionskosten/Jahr	**79,25 €**		**106,15 €**	
Laufende Kosten jährlich				
Winterfutter	60 €		10 €	
Imkerverein/Versicherung	42 €		42 €	
Varroamilben-Behandlung	20 €		10 €	
Beutenschutz und Sonstiges	25 €		25 €	
Summe laufende Kosten/Jahr	**147 €**		**87 €**	
Zeitaufwand am Anfang				
März – April Pflege, Beobachten, Raumerweiterung, Wiegen	1 Std./Woche	9 Std.	0,5 Std./Woche	4,5 Std.
Mai – Juli Weiselkontrolle, Honigernte, Pflege, Beobachten, Raumanpassung	2 Std./Woche	26 Std.	1,5 Std./Woche	20 Std.
August – September Einfüttern, Varroa-Behandlung	1 Std./Woche	9 Std.	0,5 Std./Woche	5 Std.
Oktober – Februar Fluglochkontrolle, Sturmkontrolle, Gewichtskontrolle	1 Std./Monat	5 Std.	1 Std./Monat	5 Std.
Summe Stunden/Jahr	**49 Std.**		**34 Std.**	
Summe Lohnkosten/Jahr bei 25 €/Std.	**1225 €**		**850 €**	

Tab. 3: Vergleich verschiedener Bienenhabitate.

	Baumhöhle
Dimension	dicke Wandstärken
Raumvolumen	30–1000 l
Raumanzahl	1 Raum
konstante Bruttemperatur	ja
Feuchteregulation und Isolation	dicke Totholzschicht im Innenraum der Baumhöhle
Temperaturschwankungen	kaum Tag-/Nacht-Schwankungen
Propolisierung	Bei rauer Oberfläche wird viel Propolis aufgetragen.
Honigqualität	sehr gut
Ergonomie	sehr unterschiedlich
zeitlicher Pflegeaufwand	keiner
Ernteaufwand	teilweise schwierig und gefährlich
Fütterung	keine
Futterverbrauch	gering
Habitat für den Bücherskorpion	vorhanden
Varroabelastung	unbekannt
Weiselkontrollmöglichkeiten	nein
Wabenerneuerungs-Möglichkeiten	nein (durch Schwärme)
Krankheiten	keine bekannt
Zeitaufwand	unbekannt
Kosten	keine

Die Bienenhaltung mit der Magazinbeute wurde in den letzten 150 Jahren ständig verbessert, und weitere Verbesserungen für die Biene und den Imker sind sehr begrenzt. Die Nachfrage nach Bienenprodukten ist ständig am Steigen. Hier bietet das Imkern mit der Bienenkugel neue Möglichkeiten, hochwertigen Honig, Wachs und Propolis zu ernten, die hochpreisig verkauft werden können. Im Hinblick auf die ständig steigenden Rohstoffpreise von Zucker wird das Imkern mit der Bienenkugel für die Zukunft sehr attraktiv.

Heutige eckige Magazinbeute	Bienenkugel-PRO
Wanddicke 20–25 mm; besehende Kältebrücke	Wanddicke von 60 mm; runde Bauweise
60–120 l	75 l
2–3 Räume Brutraumzarge	1 Raum
schwankt	ja
gehobelte, glatte Bretter, Folienabdeckung kaum Feuchtigkeit	Holzwolle reguliert die Luftfeuchtigkeit und wirkt warm und isolierend.
große Tag-/Nacht-Schwankungen	kaum Tag-/Nacht-Schwankungen
Bei glatter Oberfläche wird weniger Propolis aufgetragen.	gute Propolisierung auf den Latten und auf der Holzwolle
Wassergehalt oft über 18%	sehr gut – geringer Wassergehalt unter 18%
rückenbelastend, kraftanstrengend	gering – kein zusätzlicher Honigraum notwendig
aufwendig durch Auf- und Absetzen schwerer Honigräume	gering – kein zusätzlicher Honigraum notwendig
1–2 Honigräume oft langes Warten, bis der Honig trocken ist	einfach Bienenflucht einfach einsetzbar
ja, viel	ja, aber geringer als in Magazinbeute
hoher Futterverbrauch, ca. 15–25 kg	6–9 kg Futterverbrauch, ca. 50% geringer als in Magazinbeute
nicht vorhanden	vorhanden
hoch	gering
ja – sehr aufwendig	ja – geringer Aufwand
ja	ja
viele Ursache meistens: fehlende Wärme, hohe Luftfeuchtigkeit	keine bekannt
siehe Kosten-Nutzen-Rechnung	siehe Kosten-Nutzen-Rechnung
siehe Kosten-Nutzen-Rechnung	siehe Kosten-Nutzen-Rechnung

Die Bienenkugel ist eine junge „Honigernte-Maschine" und das Potenzial noch nicht ausgeschöpft. Die Grundlagen für ein bienengerechtes und den Rücken schonendes Imkern sind jedoch gelegt. Die hier aufgeführten Berechnungen beruhen auf Gesprächen mit Imkern und der vorhandenen Literatur; manche Zahlen sind geschätzt (5 Imker = 5 Meinungen). Bei der Haltung von mehreren Bienenvölkern in der Bienenkugel werden die Vorteile, die in der Bienenkugel stecken, noch deutlicher spürbar als bei nur zwei Völkern.

Imkern mit der Bienenkugel-PRO

Aufbau und Funktion

Die Bienenkugel-PRO besteht aus einem unteren und einem oberen Behältnis. Zusammen wiegen sie 32–40 kg, je nachdem, wie die äußere Verkleidung gestaltet ist (Abb. 37). Die Behältnisse haben eine äußere geschlossene Verkleidung. Die innere Lattenkonstruktion gewährleistet einen definierten Abstand von Latte zu Latte (Abb. 38). In den Hohlraum zwischen der inneren Lattenkonstruktion und der äußeren Verkleidung wird eine spezielle Holzwolle gepresst (Abb. 38). Zwei Scharniere auf der Rückseite halten das obere und untere Behältnis zusammen (Abb. 39).

Technische Daten	
Außenabmessungen Länge/Breite/Höhe:	830/480/520 mm
Oberes Behältnis Länge/Breite/Höhe:	830/480/250 mm
Unteres Behältnis Länge/Breite/Höhe:	830/480/270 mm
Gewicht, je nach äußerer Ausführung:	30–40 kg
Volumen:	75 Liter
Schleuderbare Rähmchen:	Durchmesser 370 mm
Material der Behältnisse:	Fichte oder Kiefer
Anzahl der Rähmchen:	19
Material der Rähmchen:	biochemisch aufbereiteter nachwachsender Holzwerkstoff
Langlebigkeitsschutz:	2 Paar Aufhebelleisten (Abb. 40)
Isolierung und Feuchteregulierung:	Spezialholzwolle
Rähmchen-Lagersystem:	1 Niederhalteleiste und 1 Lagerleiste
Metallteile:	2 Feststell-Sicherheitsriegel, 2 Scharniere, 2 Verstellschließen, Griff, diverse Schrauben
Funktion:	Einraumbeute Honigraum mit vertikalem Trennschied trennbar, Einsatz der vertikalen Bienenflucht, Wärmeschied für Brutraumeinengung, Fluglochregelung (Abb. 41)
Belegung:	Eine für die Entwicklung mit 2 Völkern belegbar
Erhältlich als:	kostengünstiger Bausatz oder komplett montiert

Ansicht

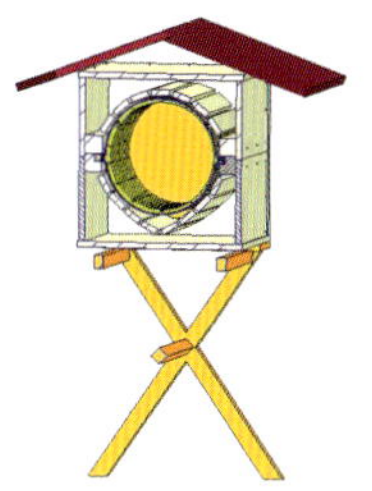

Querschnitt

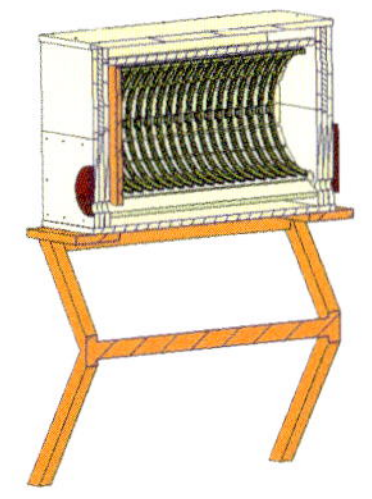

Längsschnitt

Abb. 37: Konstruktionszeichnungen der Bienenkugel-PRO

Abb. 38: Leere Bienenkugel: Man sieht den gleichmäßigen Abstand der inneren Lattenkonstruktion; dahinter befindet sich eine spezielle Holzwolle zur Isolation, Feuchteregulierung und als Habitat für den Bücherskorpion.

Abb. 39: Das obere Behältnis ist aufklappbar über zwei Scharniere.

Abb. 40: An der Vorderseite befinden sich der Griff und die beiden Aufhebelleisten.

Abb. 41: Blick auf die Fluglochseite mit Feststellriegel, Fluglochregulierer und Verstellschließen.

Aufstellen am geeigneten Platz

Suchen Sie einen ruhigen Platz ohne Bodenvibration, um die Bienenkugel-PRO aufzustellen. Achten Sie auch darauf, dass in der Nacht keine Straßenlaternen oder Hoflichter in das Flugloch leuchten. Das Flugloch sollte Richtung Südosten zeigen. So scheint die Morgensonne in das Flugloch und die Bienen kommen morgens schneller heraus. Wenn diese Ausrichtung nicht möglich ist, können Sie auch eine andere Himmelsrichtung ausprobieren. Aufgrund der horizontalen, geteilten, runden Einraumbeute mit 75 Litern Volumen brauchen Sie keinen zusätzlichen Honigraum. Deshalb können Sie Ihre Bienenkugel-PRO entsprechend Ihrer Körpergröße auf die ideale Arbeitshöhe bringen (siehe auch Seite 68).
Der Unterbau sollte fest sein und nicht wackeln. Er kann aus einer Holzkonstruktion, aus Gartenpflanzsteinen, Holzklötzen oder anderem Material bestehen. Je nach Bodenbeschaffenheit haben sich 4 Metallspitzen bewährt, die man in den Boden

Abb. 42: Unterstand.

Abb. 43

Tipp

Richten Sie den Unterbau mit der Wasserwaage aus. Die Bienenkugel-PRO wird nur lose auf den Unterbau gestellt. Achten Sie darauf, dass auf beiden Stirnseiten die Auflageleisten um ca. 8 cm überstehen, sodass Sie das Waagensystem anwenden können.

Abb. 44

einschlägt und auf deren Grundlage man eine Holzkonstruktion baut.
Jetzt fehlt noch ein Dach als Schutz vor Regen und zu starker Sonneneinstrahlung. Auch hier gibt es viele Möglichkeiten: vom Bienenhaus über ein angeschraubtes Dach oder ein loses, abnehmbares Dach bis zu einem Unterstand (Abb. 42–44).

Das Flugloch

Das Flugloch ist die Grenzzone zwischen dem Innenleben und dem Außenleben der Bienen (Abb. 45).
Die Wächterbienen müssen genau aufpassen, wen sie durch das Flugloch in den Stock lassen.
Hornissen, Wespen, aber auch andere Bienenvölker räubern gerne, wenn in der Natur nicht genügend Futter vorhanden ist. Auch Wachsmotten versuchen, in das Innenleben zu gelangen.

Am Flugloch entscheiden oft wenige Bienen über Sein oder Nichtsein eines Bienenvolkes.

Als Mäuseschutz im Winter dient die Einstellung mit den vielen Löchern. Auch ein Metalldrahtgitter wie es bei Magazinbeuten eingesetzt wird, hat sich bei der Bienenkugel als Mäuseschutz bewährt. Ansonsten hat der Imker die Aufgabe, das Flugloch zu beobachten und ggf. zu vergrößern oder verkleinern – je nach Bedarf. Wenn z. B. ein Stau am Fluglochloch entsteht, sollte dieses vergrößert werden. Im Normalbetrieb sind 3 Fluglöcher geeignet. Tragen die Bienen Pollen ein, kann man in der Regel davon ausgehen, dass die

Abb. 45: Einstellmöglichkeiten für das Flugloch.

Königin Eier legt. Denn die Brut braucht für die Entwicklung den fermentierten Pollen. Aufgrund des gemessenen Gewichts kann man oft auf das Öffnen der Bienenkugel verzichten. Somit wird das Bienenvolk nicht unnötig gestört.
Tageszeit- bzw. trachtbedingt kann es jedoch vorkommen, dass die Bienen auch einmal eine Pollensammelpause einlegen.

Runde Fluglöcher können Bienen besser verteidigen. Das lässt sich auch mathematisch errechnen!

Tipp

Ganz geschlossen wird das Flugloch nie. Es muss immer ein Luftaustausch stattfinden können. Wollen Sie die Bienen transportieren, muss das Flugloch mit einem Gitter versehen werden, so dass die Bienen Luft von außen bekommen.

Sicherheits-ausrüstung

- Am Anfang ist es sinnvoll, eine Imkerjacke mit integriertem, abnehmbarem Schleier zu tragen. Es gibt auch Ganzkörperschutzanzüge.
- Die Lederhandschuhe sollten enganliegend sein.
- Zum Öffnen der Bienenkugel benötigt man einen Stockmeißel.
- Eine Sprühflasche mit Kiefernkernholzextrakt oder Wasser und ein mit Nelkenöl beträufeltes Tuch können erfahrungsgemäß meistens den Smoker ersetzen (Abb. 46).

Die Bienen in der Bienenkugel sind in der Regel viel ruhiger, regelrecht „relaxter“, als in einer Magazinbeute. Sie sind nicht so gestresst, weil sie in der Bienenkugel leichter die Wärme für die Brut heizen können. Mit der Zeit können Sie daher zuerst die Handschuhe weglassen – vorausgesetzt, Sie haben keine Bienengift-Allergie. Irgendwann ersetzen Sie dann den Gesichtsschutz durch einen Hut. Der Hut ist wichtig, damit sich die Bienen nicht in den Haaren verfangen können.

Auf manche Deos, Parfüme oder Seifengerüche reagieren die Bienen ablehnend, das merken Sie aber sehr schnell.

Abb. 46: Zur Sicherheitsausrüstung gehören Hut, Schleier, Handschuhe, eine spezielle Jacke und eine Sprühflasche.

Abb. 47: Der Rähmchenhalter ist ein nützliches Zubehör zur Zwischenlagerung der Rähmchen.

Abb. 48: Mobile Hebelwaage zur einfachen Gewichtsermittlung.

Rähmchenhalter

Der Rähmchenhalter kommt zum Einsatz, wenn alle Waben im Bienenvolk belegt sind (Abb. 47). Dann kann man 1–2 Rähmchen aushängen, in den Halter setzen und hat damit Platz gewonnen, um das Bienenvolk durchzuschauen. Aber auch nach dem Entdeckeln der Honigwaben kann der Rähmchenhalter für die Zwischenlagerung außerhalb der Bienenkugel-PRO dienen.

Routinearbeiten mit der Bienenkugel: Gewichtsermittlung

Bevor Sie Bienen in der Bienenkugel-PRO ansiedeln, ist es sinnvoll, das Leergewicht zu ermitteln. Am einfachsten können Sie das Gewicht mit der neuentwickelten mobilen Hebelwaage ermitteln (Abb. 48). Mit wenig Kraftaufwand wird zuerst die eine Seite um ca. 10 mm angehoben, der Einrasthebel rastet ein, und Sie können ohne Mühe das gemessene Gewicht ablesen. Dann wird die gegenüberliegende Seite gewogen. Beide Messergebnisse addiert ergeben das Gesamtgewicht der Bienenkugel-PRO. So kann eine notwendige Einfütterung genau dosiert werden. Ebenfalls kann man damit die Honigernte besser planen. Im Jahreslauf können Sie mit dieser schnellen Gewichtsermittlung oft darauf verzichten, die Bienenkugel zu öffnen und damit störend in das Bienenvolk einzugreifen. Das spart überdies Zeit.

Vorbereitung für den ersten Einzug eines Bienenvolks

Wenn Sie einen Natur-Bienenschwarm oder Kunstschwarm einlaufen lassen, sind einige Vorbereitungen notwendig. Sie sollten 3–4 Rähmchen drahten und eine

Abb. 49: Einsetzen des Wärmeschieds.

Abb. 51: Rähmchen mit eingelöteter Mittelwand.

Bienenwachsmittelwand einlöten. Das unterstützt die Bienen beim Bau des Wabenwerks. Außerdem ist dadurch die Gefahr eines Querbaus (Wildbau) von Rähmchen zu Rähmchen sehr gering. Wenn Sie einen Naturbau anstreben, streichen Sie die restlichen 3–4 Rähmchen auf einer Länge von ca. 100 mm oben am Rand mit Honig ein. Nun setzen Sie vorne am Flugloch den Wärmeschied (Abb. 49) und nach 6–8 Rähmchen den Königinschied (Abb. 55) ein. Der Wärmeschied verhindert auch beim Öffnen, dass sich Bienen auf die Teilungsfläche setzen und dann beim Schließen der Bienenkugel zerquetscht werden. Hinter den Königinschied stellen Sie das Futter in ein Behältnis (ca. 1–2 kg).

Rähmchen gedrahtet mit Mittelwand

Durch die vorgefertigten Löcher im Rähmchen kann man einfach einen Draht von Loch zu Loch führen. Metallösen sind dafür nicht notwendig. Man windet den Draht am Anfangsloch und führt ihn dann zum nächsten Loch. Mit einem Drahtspanner werden die Drähte anschließend auf leichte Spannung gebracht. Es ist darauf zu achten, dass die Drahtführung auf einer Ebene geschieht, sodass die Wachsmittelwand einfach eingelötet werden kann (Abb. 50). Das Rähmchen nimmt man als Schablone und schneidet die Wachsplatte so rund wie das Rähmchen. Die Wachs-

Abb. 50: Gedrahtetes Rähmchen der Bienenkugel-PRO/BK 20.

Abb. 52: Das Rähmchen wird für einen Naturwabenbau oben ca. 100 mm breit mit Honig bestrichen.

Abb. 53: Das Rähmchen wird für einen Naturwabenbau mit einer sog. Honigschnur versehen.

Abb. 54: Beginn des Naturwabenbaus oben entlang der Honigschnur.

platte kann auch nur die Hälfte oder ⅔ der Rähmchenfläche ausfüllen; den Rest bauen die Bienen.

Die Mittelwand unterstützt die Bienen beim Bau der Wabenzellen; sie brauchen dann weniger Zeit und Energie (Abb. 51). Ein großer Vorteil ist auch, dass den Bienen damit eine Richtung vorgegeben wird. Dadurch ist die Gefahr eines eventuellen Quer- oder Wildbaus sehr unwahrscheinlich.

Der Königinschied

Der Königinschied verhindert, dass die Königin in den Honigraum gelangt (Abb. 55). Nun ist alles für den Erstbezug installiert (Abb. 56). Zusätzlich kann man eventuell vorhandene Ritzen und Spalten im Holz verschließen (Abb. 57).

Abb. 55: Einsetzen des Königinschieds.

Abb. 56: Startsituation für den Erstbezug eines Bienenschwarms in der Bienenkugel-PRO.

Der Erstbezug: Ein Naturschwarm läuft in die Bienenkugel-PRO ein

Man leert sanft die Bienen aus dem Schwarmfangbehältnis auf einem großen Brett vor dem Flugloch der vorbereiteten Bienenkugel-PRO aus (Abb. 58). Zuvor stellt man hinter dem Königinschied noch Futter zur Verfügung. Das können ein oder zwei Gläser Honig sein, man kann aber auch in einen 2 kg Eimer Flüssigzucker geben. Damit die Bienen nicht ertrinken können, fügt man Korkstöpsel, Blähtonkugeln, Holzwolle oder andere leichte Werkstoffe hinzu, die nicht untergehen.
Die ersten Bienen gehen in das Flugloch und beurteilen die neue Behausung. Dann kommen sie wieder raus und „sterzeln", das heißt, sie stellen den Hinterleib hoch und zeigen den anderen Bienen, wo das neue Zuhause ist (Abb. 59). Die Königin braucht man hierbei nicht extra zu suchen: Sie ist umringt von sterzelnden Bienen. Die Königin wird auch Weisel genannt. Das kommt von „zeigen".
Während des Einlaufens werden im Schwarm bereits die neuen Aufgaben verteilt, und so ist von Anfang an geregelt, wer was zu machen hat. Wenn ein Bienenvolk freiwillig einzieht, bleibt es in der Regel auch in der neuen Behausung.
Auf eine sogenannte Kellerhaft kann in der Regel verzichtet werden.

Abb. 57: Verschließen der Spalten und Ritzen. Damit zu 100 % sichergestellt ist, dass die Königin nicht in den Honigraum gelangen kann, können Sie die Ritzen mit kleinen Holzleisten oder mit Bienenwachs verschließen.

Abb. 58: Ein Bienenschwarm läuft durch das Flugloch in die Bienenkugel-PRO ein.

Abb. 59: Sterzelnde Bienen zeigen Ihnen an, wo sich die Königin befindet, und den anderen Bienen, wo der Eingang zur neuen Behausung ist.

Das Einlaufen der Bienen kann je nach Schwarmgröße 30 Minuten bis 2 Stunden dauern.

Kunstschwarm

Bei einem Kunstschwarm geht man im Prinzip vor wie bei einem Naturschwarm. Allerdings nimmt man die Königin, bringt sie in einen Käfig (Abb. 60) und hängt diesen mit Futterteigverschluss an ein Rähmchen. Der Verschluss des Käfigs muss offen sein, damit die Bienen den Futterteig zum Befreien der Königin wegfressen können.

Umzug von der eckigen Form in die runde

Wenn man ein Bienenvolk von einer Magazinbeute in die Bienenkugel umsiedeln möchte, geht man folgendermaßen vor: Man sucht die Königin und käfigt diese mit einem Futterteigverschluss ein. Diesen Käfig hängt man an ein Rähmchen in der Bienenkugel. Anschließend kehrt man mit einem Handbesen die Bienen von den Waben auf das Brett vor dem Flugloch. Die Bienen laufen ein wie bei einem Kunst- oder Naturschwarm.

Das erste Öffnen nach dem Einzug

Egal ob man 5-mal oder 100-mal zu den Bienen geht, es liegt immer eine gewisse Anspannung in der Luft. Man weiß nie, was einen erwartet. Vielleicht erfolgt auch ein gewisser Adrenalinschub, bevor man das obere Behältnis an den beiden Scharnieren hochklappt: Innerhalb von Sekunden kann man das halbe Bienenvolk sehen, und man sieht sofort, auf welchen Rähmchen das Bienenvolk gerade sitzt.
Wenn man bedenkt, dass Tausende von Bienen im Dunkeln arbeiten, dann könnte man auch meinen, das Bienenvolk erschrecke, wenn das obere Behältnis geöffnet wird und plötzlich alles hell wird. Aber ganz im Gegenteil! Das Bienenvolk bleibt ruhig auf den Waben sitzen. Es ist jedes Mal etwas Besonderes für den Menschen, solche Einblicke in ein Bienenvolk genießen zu dürfen.
Jedes Bienenvolk ist anders. Das kann man hören, sehen und riechen. Eine oft gestellte Frage lautet: Erkennen die Bienen ihren Imker?

Abb. 60: Spezialkäfig für eine Bienenkönigin.

Tipp

Bienen mögen keine Hektik. Wer zu den Bienen geht, sollte also Zeit und Ruhe mitbringen. Denn wer in Eile bei seinen Bienen noch etwas zu erledigen hat, büßt es meistens mit einem oder mehreren Bienenstichen. Hier kann ein kleines Ritual hilfreich sein: Ich klopfe 4-mal leicht an meine Bienenkugel und kann mich dadurch mental auf die Bienen einstellen.

Im Detail geht man beim Öffnen der Bienenkugel so vor:

- Schließriegel an den Seiten öffnen (Abb. 61)
- mit dem Stockmeißel den Deckel anheben (Abb. 62)
- Deckel aufklappen (Abb. 63)
- Sicherheitsriegel gerade drücken (Abb. 64)

Abb. 61: Öffnen der beiden verstellbaren Schließriegel.

Abb. 62: Mit dem Stockmeißel hebelt man an den beiden Aufhebelklötzen das Oberteil nach oben. Die Aufhebelklötze minimieren so den Verschleiß der Bienenkugel. Falls der Stockmeißel eine zu kurze Hebelwirkung besitzt, können auch längere Hebelwerkzeuge verwendet werden.

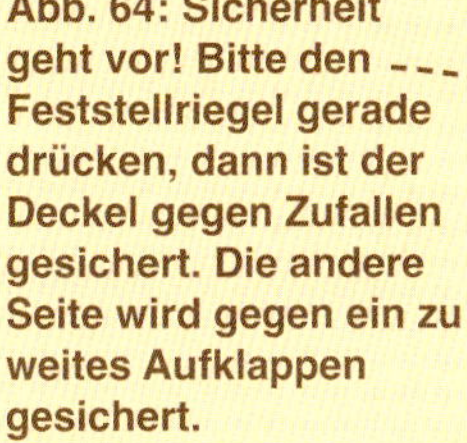

Abb. 64: Sicherheit geht vor! Bitte den Feststellriegel gerade drücken, dann ist der Deckel gegen Zufallen gesichert. Die andere Seite wird gegen ein zu weites Aufklappen gesichert.

Abb. 63: Öffnen des Deckels. Über die beiden hinteren Scharniere wird der Deckel aufgeklappt. Auf beiden Seiten ist je 1 Sicherheitsriegel befestigt, die zusammen ein Zuklappen bzw. zu weites Aufklappen verhindern. Die beiden Sicherheitsriegel müssen gerade gedrückt werden. Jetzt können Sie sicher an Ihren Bienen arbeiten.

Abb. 65: Die Rähmchen werden angehoben und leicht nach hinten versetzt herausgehoben.

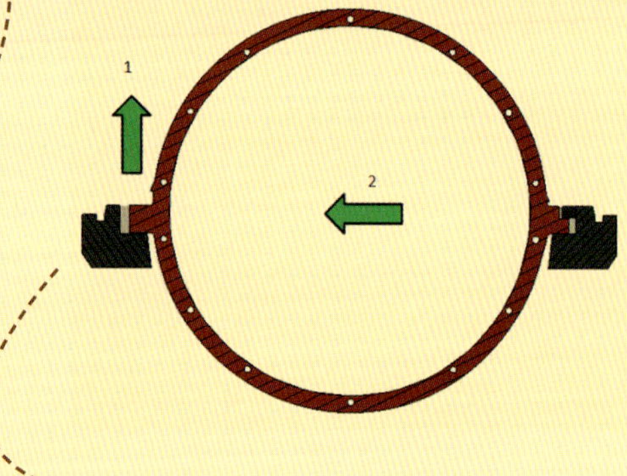

Abb. 66: Rähmchenentnahme.

Herausnahme der Rähmchen

Im Schritt 1 hebt man das Rähmchen an den beiden runden Abstandshaltern um ca. 50 mm leicht an. Jetzt kann man es von der Vorderseite im Schritt 2 leicht nach hinten ziehen, bis das Niederhalteplättchen das Rähmchen nicht mehr behindert. Dann kann man das Rähmchen leicht entnehmen (Abb. 65 und Abb. 66 Schritt 1 und 2). Nach Begutachtung des Rähmchens können Sie dieses an einem freien Platz in der Bienenkugel zwischenlagern. Sollten alle Rähmchen belegt sein, hilft Ihnen der Rähmchenhalter weiter. Sollte das Rähmchen verkittet sein, kann man auch mit dem Stockmeißel das Rähmchen an der hinteren „Nase" hochheben.

Exkurs: Das Nelkenöltuch

Mit einem mit 5–10 Tropfen Nelkenöl benetzten Tuch (Abb. 67) können Sie die Bienen leicht ein wenig leiten, um in Ruhe arbeiten zu können. Das Tuch kann unter Umständen den Smoker ersetzen. Sie können das Tuch als Wärme- und Schutzabdeckung verwenden (Abb. 68) oder vor dem Schließen der Bienenkugel als Quetschschutz einlegen. Beim Schließen ziehen Sie das Tuch wieder von der Teilung. So ist die Gefahr sehr gering, dass Sie Bienen zerquetschen. Das Tuch bewahren Sie am besten in einem Glas auf. So verdunstet das Nelkenöl nicht so schnell bis zur nächsten Verwendung.

Abb. 67: Mit Nelkenöl betropftes Tuch.

Abb. 68: Durchschau aller Waben mit Tuchabdeckung.

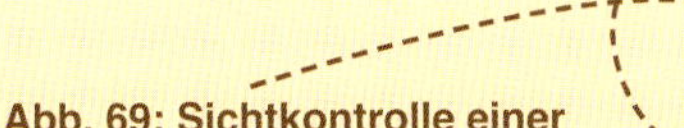

Abb. 69: Sichtkontrolle einer schön gebauten Naturwabe.

Schwarmkontrolle und Ablegerbildung

Die Weiselkontrolle erfolgt bei der Bienenkugel-PRO wie bei Magazinbeuten – nur einfacher, weil Sie nicht jedes Mal die schweren Honigräume abheben müssen. Wenn Sie bei der Durchsicht eine Wabe mit einer Weiselzelle (Königinzelle) sehen (Abb. 69 und Abb. 70), können Sie diese

Abb. 70: Weiselkontrolle bei der Bienenkugel-PRO.

Abb. 71: Ablegerkiste.

Abb. 72: Ablegerbildung von einem starken Bienenvolk.

mit 2–3 weiteren mit Bienen besetzten Waben in eine Ablegerkiste setzen (Abb. 71). Wichtig! Achten Sie darauf, dass die Königin im Volk zurückbleibt. Mit dieser Methode brauchen Sie keine Weiselzelle herauszubrechen. Ablegerbildung funktioniert genauso (Abb. 72), jedoch ziehen sich die Bienen aus dem zuletzt gelegten Ei eine Königin heran. Sie können aber auch eine neue Königin hinzusetzen.

Abb. 73: Einfüttern des neuen Schwarms mit Futtertaschen.

Tipp

Achten Sie bei Flüssigzucker darauf, dass die Bienen nicht ertrinken können.

Abb. 74: Einfüttern des neuen Schwarms mit Futter im Eimer; Blähtonkugeln verhindern das Ertrinken der Bienen.

Einfütterung

Die Einfütterung kann man mit Futtertaschen oder mit kleinen Eimern durchführen (Abb. 73 und Abb. 74). Am besten ist für die Bienen Honig als Futter. Zur Not kann man auch Flüssigzucker oder Futterteig verwenden.

Abb. 75: Propolis schützt vor Krankheiten; Propolisüberzug an der Innenseite der Bienenkugel-PRO.

Propolis

Den Grundstoff von Propolis bilden Baum- und Pflanzenharze, die die Bienen von Knospen und Blättern sammeln. Besonders gern fliegen sie dabei Knospen von Pappelbäumen oder Efeu an. Die Bienen bearbeiten dieses Baumharz mit eigenen Sekreten zu Propolis. Propolis zieht in die Ritzen und überzieht die Innenfläche der Beute (Abb. 75 und Abb. 76). Aber auch die ganze Stockluft ist mit Propolis angereichert. Die auf diese

Die Propolis wirkt antibakteriell und antiviral.

Abb. 76: Bienen propolisieren alle Oberflächen.

Abb. 77: Mit Propolis überzogenes Propolisgitter.

Abb. 78: Um Propolis leichter ernten zu können, kann der Beutel mit dem Propolisgitter in die Gefriertruhe.

Weise angereicherte Luft dient auch zur Gesundhaltung der offenen ungeschützten Bienenbrut. Nach Auflegen eines Propolisgitters auf die Rähmchen wird dieses von den Bienen propolisiert. Das Propolisgitter eignet sich zudem als Überbauschutz der Waben (Abb. 77).
Wenn die Bienen genügend Propolis auf dem Gitter aufgetragen haben, nimmt man dieses zur Propolisernte von den Rähmchen ab und steckt es in eine Plastiktüte (Abb. 78). Nach dem Einfrieren in der Gefriertruhe löst sich die Propolis leicht vom Gitter.

Der Stich der Honigbiene

Es ist beachtenswert, wie eine kleine Biene Angst bei manchen Menschen hervorruft. Diese Angst wird oftmals von unwissenden Erwachsenen auf Kinder übertragen. Ernst zu nehmen sind Personen, die eine Bienengift-Allergie haben. Hierzu gibt es aber wirksame Medikamente, die helfen. Wenn die Biene in die Haut von uns Menschen sticht, bleibt der Stachel wegen des Widerhakens in der Haut stecken (Abb. 79). Die Biene reißt sich dann den Stachel vom Hinterleib und stirbt. Am Stachel bleibt ein Muskel mit Giftblase hängen. Das Bienengift wird dann vom Muskel in den Stachel gepumpt. Deshalb sollte man beim Entfernen eines Bienenstichs immer darauf achten, dass man den Stachel mit einer Pinzette unterhalb der Giftblase und des Muskels greift und entfernt!

Abb. 79: Beim Stich einer Honigbiene bleibt der Stachel mit seinen Widerhaken samt der Giftblase in der Haut stecken.

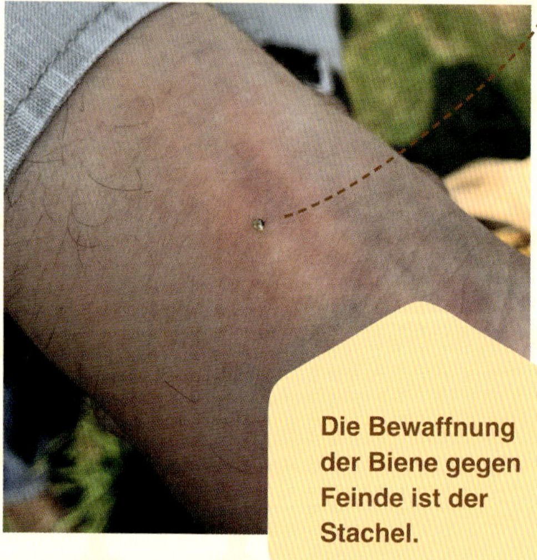

Die Bewaffnung der Biene gegen Feinde ist der Stachel.

Völkerführung und Imkermethode

Die folgenden Beispiele zeigen, wie einfach sich ein Bienenvolk in der Bienenkugel-PRO führen lässt. Im Detail kann jeder Imker individuell eine Völkerführung nach Trachtsituation, Völkerstärke, klimatischen Bedingungen, aber auch nach der Produktnachfrage gestalten.
Die Imkermethoden haben sich im Laufe der Zeit entsprechend der Bienenproduktnachfrage geändert. Während heute hauptsächlich auf Honigertrag geimkert wird, wurde vor Erfindung der Paraffinkerze und des elektrischen Lichts auf Wachsertrag geimkert. Der Honigertrag war damals Nebensache. Bei der Imkermethode auf Wachsertrag hat man die Bienenvölker schwärmen lassen, da jeder Schwarm einen enormen Bautrieb besitzt und man dadurch viel Wachs ernten konnte.

Wichtig ist bei jeder Völkerführung und jedem wirtschaftlichen Ziel der Imkermethode, dass das Bienenvolk keinen Schaden nimmt.

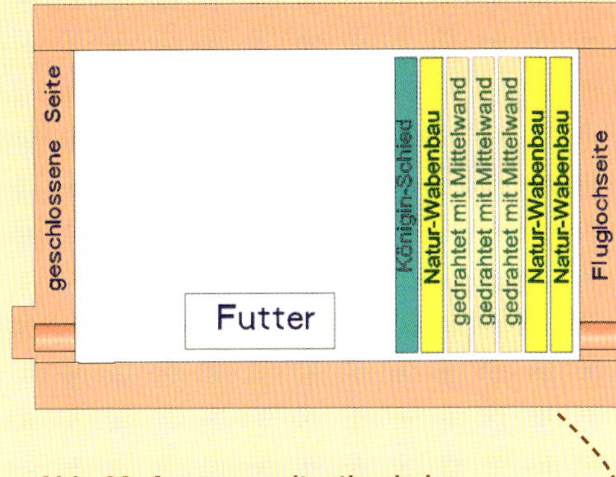

Abb. 80: Ausgangssituation beim Einlaufen eines neuen Schwarms.

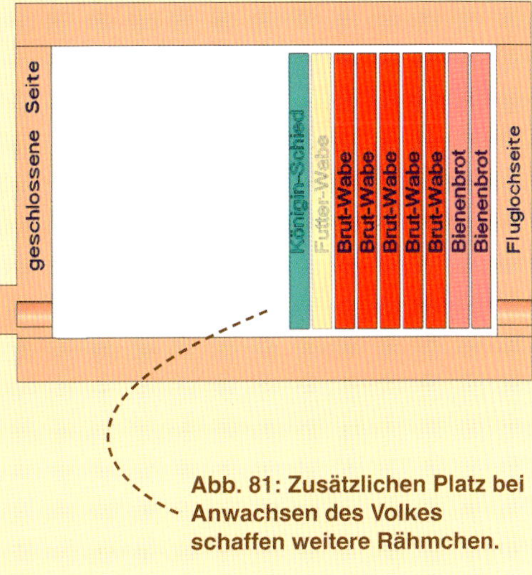

Abb. 81: Zusätzlichen Platz bei Anwachsen des Volkes schaffen weitere Rähmchen.

Mögliche Ausgangssituation

Wenn das Bienenvolk nach dem Einlaufen mehr Platz braucht, können Sie auch noch weitere Rähmchen mit Mittelwand hinzufügen (Abb. 80).

Erweiterungsmöglichkeiten

Für die Brut

Wenn das Bienenvolk Platz zur Vermehrung braucht, gibt man einfach wieder ein oder zwei weitere Rähmchen hinzu (Abb. 81).

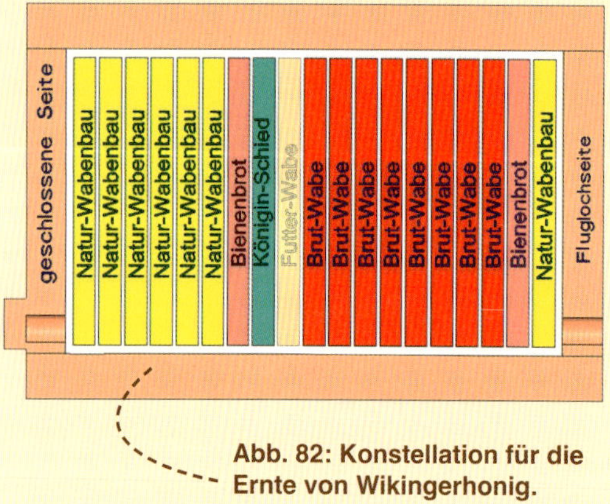

Abb. 82: Konstellation für die Ernte von Wikingerhonig.

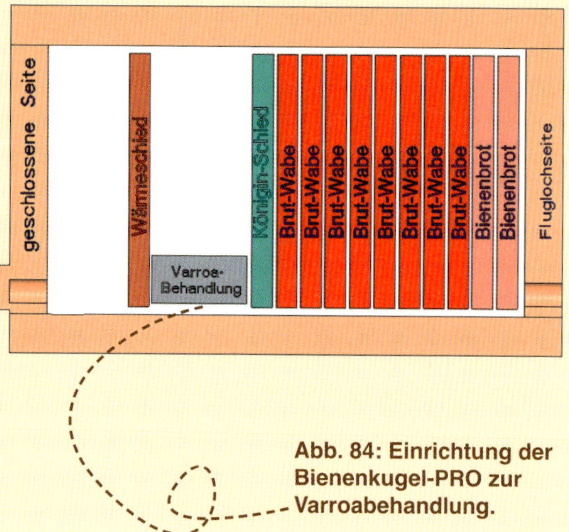

Abb. 84: Einrichtung der Bienenkugel-PRO zur Varroabehandlung.

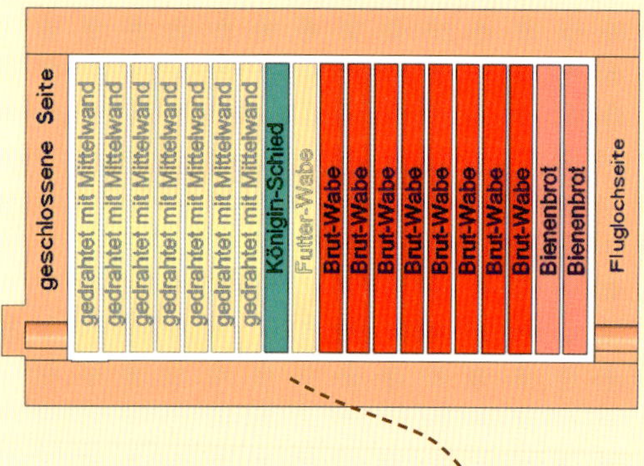

Abb. 83: Konstellation für eine Ernte von Honigüberschuss.

Honigraumerweiterung

Heute wird der meiste Honig im Mai/Juni geerntet, da später nicht mehr so viel blüht und es zu Trachtlücken kommt. Um aber möglichst viel Honig ernten zu können, wird in der Zeit Mai/Juni deshalb durch Weiselkontrolle und Ausbrechen der Weiselzelle das Schwärmen unterdrückt. Die Bienenkugel-PRO bietet auch die Möglichkeit, möglichst viel Bienenbrot in Honigwaben im Naturwabenbau zu ernten. Dazu nimmt man eine Bienenbrotwabe und hängt diese in den Honigraum. Die restlichen leeren Wabenzellen werden mit Honig gefüllt. Wenn alle Zellen gefüllt sind, schneidet man die Wabe mit dem verdeckelten Honig und Bienenbrot heraus und verarbeitet diese zu Wikingerhonig (Abb. 82).

Honig zum Schleudern

Wenn Sie Honig schleudern möchten, sollten Sie die Rähmchen mit Mittelwänden versehen. Dadurch wird die Wabe stabiler für den Schleutdervorgang. Sie können den gesamten Honigraum so steuern, dass bei guter Tracht kein Zufüttern notwendig ist (Abb. 83).

Varroabehandlung

In der Bienenkugel-PRO können alle gängigen und zugelassenen Varroabehandlungsmittel verwendet werden (Abb. 84). Jedoch empfiehlt es sich, zuerst die Puderzuckermethode anzuwenden (siehe Seite 65).

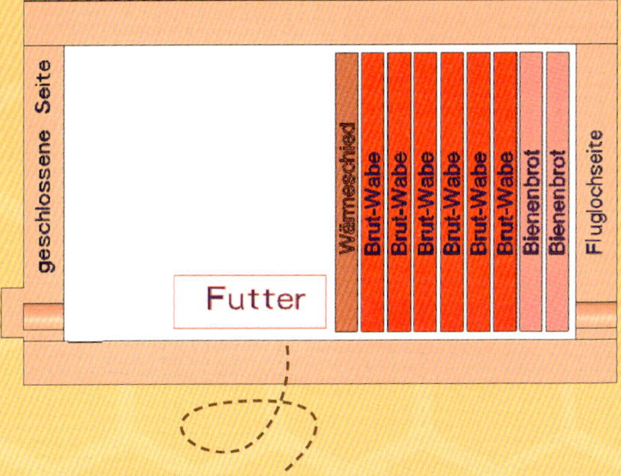

Abb. 85: Platzierung des Futters – falls notwendig.

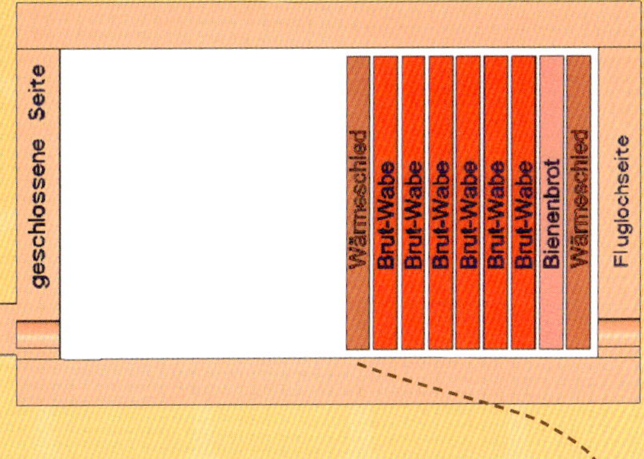

Abb. 86: Zusätzlicher Wärmeschied zur Überwinterung des Volkes.

Zufütterung

Man kann die Völkerführung so gestalten, dass bei ausreichender Tracht keine Zufütterung notwendig ist. Sollte eine Zufütterung notwendig sein, ist das jederzeit möglich. Ein Futtervorrat über den Winter (Zeitraum Ende November bis Anfang April) von 8 bis 10 kg reicht in der Regel aus. Auch eine Notfütterung kann z. B. problemlos durchgeführt werden (Abb. 85).

Überwinterung

Steht der Winter vor der Tür, bietet ein zweiter Wärmeschied direkt hinter dem Flugloch eine Isolierschicht (Abb. 86).

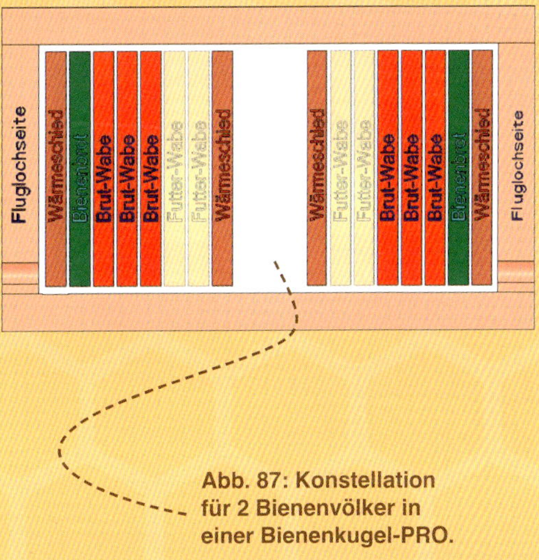

Abb. 87: Konstellation für 2 Bienenvölker in einer Bienenkugel-PRO.

Zwei Bienenvölker in einer Bienenkugel

In der Bienenkugel können auch 2 Bienenvölker gehalten werden (Abb. 87). Haben sich die Bienenvölker gut entwickelt und benötigen Platz, hängt man ein Volk wieder in eine separate Bienenkugel.

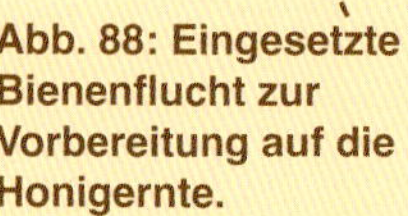

Abb. 88: Eingesetzte Bienenflucht zur Vorbereitung auf die Honigernte.

Abb. 90: Mit einem schmalen Handbesen können Sie die Bienen aus dem gerade erforderlichen Arbeitsfeld kehren.

Abb. 89: Einsetzen der Bienenflucht.

Honigernte: Honigentnahme aus dem Bienenvolk

Einen Tag vor der Honigernte ersetzt man den Königinschied mit der Bienenflucht (Abb. 88). Die Bienen gehen aus dem Honigraum und können durch die engen römischen Kanäle nicht mehr zurück (Abb. 89). Der Honigraum wird bienenleer, und man braucht nur die Honigwabe zu entnehmen. Alternativ kann man die Bienen von den Honig-, Lagerungs- oder Transportwaben auch mit einem schmalen Handbesen kehren (Abb. 90).
Die Honigwaben können in der Schwarmfang- bzw. Ablegerkiste gelagert und dann mit dem sogenannten Schweizer Karren transportiert werden (Abb. 91).

Abb. 91: Mit dem zweirädrigen Schweizer-Karren lässt sich auch auf unebenem Gelände der Honig sicher transportieren.

Wikingerhonig

Wabenhonig mit Bienenbrot ist wahrscheinlich eine Nahrung, die unsere Vorfahren, also die Kelten und Germanen, als normales Lebensmittel regelmäßig verzehrten.
Man kann sich gut vorstellen, dass Deutschland vor über 2000 Jahren größtenteils noch aus Urwäldern bestand mit alten Bäumen mit großen Baumhöhlen und darin lebenden Bienenvölkern. Ausreichende Trachtbedingungen bescherten den Menschen einen Überfluss an Bienenprodukten. Die Bäume mit Bienenvölkern waren bestimmt bekannt, und man konnte einfach in den Wald gehen, um Honig, Bienenbrot und Nektar zu ernten. Vielleicht hat man auch hin und wieder einen umgestürzten Baum gefunden, in dem noch ein Bienenvolk lebte oder Honig

Abb. 92: Wabenhonig und Bienenbrot.

Abb. 94: In Gläser abgefüllter Wikingerhonig.

Abb. 93: Zerstampfen und Rühren vereinigen den Wabenhonig mit dem Bienenbrot zu einer breiigen Masse.

Heute kann Bienenbrot mit Wabenhonig wieder ein gesundes, schmackhaftes Lebensmittel werden.

vorhanden war. Dann war die Ernte noch einfacher.
Aus Überlieferungen ist bekannt, dass die Wikinger auf ihren weiten Seereisen in Holzfässer eingestampften Wabenhonig mit Bienenbrot als Proviant verzehrten. Durch das im Bienenbrot enthaltene Vitamin C war die Gefahr, an Skorbut (Vitamin-C-Mangelkrankheit) zu erkranken, sehr gering. Spätere Seefahrer im Mittelalter erkrankten auf längeren Reisen wegen Vitaminmangel ständig an Skorbut. Erst Mitte des 18. Jahrhunderts wurde das Vitamin C in der Zitrone entdeckt und das Problem war damit gelöst.

Zur Ernte schneidet man den Wabenhonig und das Bienenbrot mit dem Messer aus dem Rähmchen (Abb. 92). Der Wabenhonig mit Bienenbrot wird in einem Behältnis verstampft und verrührt, bis daraus eine homogene, gleichmäßig breiige Masse geworden ist (Abb. 93). Dann füllt man diese in ein Glas ab (Abb. 94). Am besten ist es, wenn der Honig schon leicht zu kristallisieren beginnt, sonst kann er sich am Glasboden absetzen. Ist dies der Fall, wird mit regelmäßigem Drehen des Glases wieder ein homogenes Gemisch geschaffen.

Abb. 95: Der Wabenhonig wird aus dem Rähmchen genschnitten.

Wabenhonig ist im Trend und kann hochpreisig vermarktet werden.

Abb. 96: Abgefüllt in Gläser lassen sich die Stücke als Wabenhonig gut verkaufen.

Wabenhonig

Wabenhonig enthält Bienenwachs, Honig und Spuren von Propolis. Die Ernte ist sehr einfach: Man schneidet den Honig in Scheiben und legt diese in ein Glas oder ein anderes Behältnis (Abb. 95 und Abb. 96).

Abb. 97: Honigpresse.

Honig pressen

Beim gepressten Honig werden die Waben zerstört (Abb. 97). Diese Pressmethode wurde hauptsächlich im Mittelalter angewandt, um das Bienenwachs vom Honig zu trennen. Nach dem Pressen siebt man den Honig (Abb. 98) und füllt ihn in Gläser ab. Die gepressten Wachsteile zerteilt man und gibt diese zum „Abschlecken" des Honigs wieder zurück in das Bienenvolk. Das Wachs kann für Salben, Mittelwände und Kerzen verwendet werden.

Abb. 98: Ein Siebvorgang trennt den Honig von den Wachsteilchen.

Honig schleudern

Honig wird erst seit rund 100 Jahren geschleudert. Denn um diese Zeit war Bienenwachs nicht mehr so gefragt, weil die Paraffinkerze und elektrisches Licht zunehmend Verbreitung fanden. Mit der Erfindung der Mittelwandherstellung und der Schleuder war nun die Möglichkeit gegeben, den Honig zu ernten, ohne dass die Waben dabei zerstört werden. Das hat den großen Vorteil, dass die Waben immer wieder verwendet werden können.
Es gibt heute viele verschiedene Typen von Honigschleudern, wahlweise mit Hand- oder Motorbetrieb.

Honigschleuder mit Handbetrieb

Bei runden Rähmchen mit einem Durchmesser von 37 cm ist eine Tangential-Schleuder mit einem Korbdurchmesser von 63 cm erforderlich (Abb. 99).
Für bis zu 5 Bienenvölker reicht eine Schleuder mit Handbetrieb. Ab 5 Bienenvölkern ist ein Motorantrieb sinnvoll. Berufsimker mit vielen Bienenvölkern haben oftmals Schleuderstraßen, hier kennt der Automatisierungsgrad keine Grenzen. Zunächst entnimmt der Imker die Honigwaben aus dem Transportbehälter

Abb. 99: Honigschleuder mit einem Korbdurchmesser von 63 cm.

Abb. 101: Entdeckeln der Honigwabe.

Abb. 100: Zum Schleudern vorgesehene Honigwaben in Rundrähmchen.

Abb. 102: Schleuderkorb für runde und eckige Rähmchen.

Abb. 103: Auffangen des geschleuderten Honigs durch ein Sieb in einen Eimer.

(Abb. 100) und entdeckelt sie von Hand (Abb. 101).
Die runden Rähmchen werden nach der Entdeckelung in den Schleuderkorb gestellt (Abb. 102). Beim Drehen des Schleuderkorbes löst sich durch die Zentrifugalkraft der Honig von der Wachszelle und fließt durch ein Sieb in einen Eimer (Abb. 103).

Die geschleuderten Waben werden wieder in das Beutesystem eingesetzt, wo sie von den Bienen repariert und mit neuem Honig befüllt werden. Wenn es sich um die letzte Schleuderung im Jahr handelt, nimmt man die Rähmchen beiseite und lagert diese für die nächste Honigernte im kommenden Frühjahr ein.

Varroamilbe und Bücherskorpion

Varroamilbe

Die Varroamilbe ist ein stecknadelkopfgroßer Parasit im Bienenvolk. Die Milbe soll Anfang der 1970er-Jahre mit Bienenimporten eingeschleppt worden sein und hat sich mittlerweile in jedem Bienenvolk eingenistet.

Die längere Verdeckelungszeit der Drohnenbrut erhöht die Population der Varroamilben. Das Varroaweibchen geht vor dem Verdeckeln der Brutwabe in die Zelle, dann legt es zuerst ein männliches Ei, danach ca. alle 30 Stunden weibliche Eier in die Brutzellen. Nach der Geschlechtsreife der sich entwickelnden Milben kommt es zur Inzucht zwischen dem männlichen und weiblichen Nachwuchs. Beim Schlüpfen der Drohnen können sich so 8 Milben und mehr in der Zelle entwickelt haben. Der männliche Nachwuchs stirbt. Die Weibchen beißen sich an einer Biene fest und saugen deren Blut. Die Biene wird geschwächt und es kommt zu Infektionen, sodass die Biene früher stirbt. Bei starkem Befall kann so ein ganzes Volk an der Varroamilbe sterben.

Die Vermehrung geschieht hauptsächlich in der Drohnenbrut; der Befall ist hier 8-mal stärker als in der Arbeiterinnenbrut.

Die optimale Entwicklungstemperatur der Varroamilbe liegt bei 32° C. Die Bienen- und Drohnenbrut entwickelt sich bei 35° C optimal.

Wenn wir uns nochmals das Kapitel „Entwicklung der Bienenkugel" zu den Temperaturmessungen in der Magazinbeute betrachten, sehen wir, dass es die Bienen dort nicht schaffen, die Randbrutwaben auf eine konstante Bruttemperatur von 35° C zu heizen. Wenn man sich vorstellt, dass nur 30 Brutzellen nicht die volle Wärme bekommen, schafft man hier vermutlich optimale Entwicklungsbedingungen für die Varroamilbe. Das bedeutet unter Umständen, dass 8 x 30 Varroamilben = 240 Milben schlüpfen können. Wenn die Kälteperiode anhält, kann dieser Zustand den Tod des Bienenvolkes bedeuten – es sei denn, es erfolgt eine Varroabehandlung mit Medikamenten.

Im Kapitel 4 zu den Messungen der relativen Luftfeuchtigkeit und Temperatur in der Bienenkugel-PRO sehen Sie, dass die Temperatur am Brutnestrand konstant bei 35° C gehalten werden kann. Ebenso wird die Luftfeuchtigkeit trotz äußeren großen Schwankungen bei 55 – 60 % gehalten. Studien aus der Schweiz und der USA belegen, dass sich die Varroamilbe im feuchten Milieu der Magazinbeuten sehr gut entwickeln kann.

Varroakontrolle: Methoden

In Magazinbeuten kann man den Befall der Varroa anhand der toten Milben auf der sogenannten **Windel** erkennen, die am Boden herausgezogen wird. Aus der Anzahl der Varroamilben wird dann auf die Belastung im Bienenvolk geschlossen, und entsprechende Behandlungsmaßnahmen werden ergriffen. Manchmal sind aber Ameisen schneller, und man bekommt ein falsches Bild von dem tatsächlichen Varroabefall.

Die **Puderzuckermethode** soll genauer sein (Abb. 104). Man entnimmt 50 g Bienen aus dem Honigraum und gibt sie in ein Behältnis. Dann werden 5 Esslöffel Puderzucker durch den löchrigen Deckel gerieben. Das Behältnis mit den Bienen wird mehrmals innerhalb von 3 Minuten geschüttelt. Die Bienen werden weiß vom Puderzucker. Die Varroamilbe fällt von den Bienen ab. Das kann auch durch gegenseitiges Putzen geschehen. Die Bienen gibt man zurück in den Stock, und der Puderzucker wird mit Wasser in einem Feinsieb von den Milben getrennt. Dann kann man die Varroen zählen. Werden weniger als 5 Milben gezählt, sind im Bienenvolk etwa 100–300 Milben. Dies stellt keine akute Gefahr dar. Am besten erfolgt in 2 Wochen eine erneute derartige Kontrolle. Bei 5–10 Milben ist Vorsicht geboten; bei mehr als 10 Milben sollte möglichst bald behandelt werden.

Abb. 104: Kontrolle des Varroabefalls mit der Puderzuckermethode.

Kontrollergebnisse bei der Bienenkugel-PRO

In der Bienenkugel ist der Varroabefall sehr gering (Tab. 5). Jedoch sind die Messungen in ihrer Anzahl noch zu wenig und auch der Zeitraum ist noch zu kurz, um wissenschaftlich bestätigen zu können, dass der Varroamilbenbefall auf Dauer reduziert bleibt. Vielleicht sind aber die

Tab. 5: Ergebnisse zu Varroakontrollmessungen bei der Bienenkugel-PRO.

2021	Anzahl Milben im Juli	Anzahl Milben im August	Anzahl Milben im September
Standort A-1	2	0	2
Standort A-2	1	3	1
Standort B	0	2	0
Standort C	1	1	2
Standort E	3	3	1

konstante Bruttemperatur und die niedrige Luftfeuchtigkeit ein Ansatz, den größten Feind der Biene langfristig in der Bienenhaltung zu reduzieren, damit die Bienen keinen Schaden mehr erleiden.

Varroabehandlung

Sollte die Varroabelastung hoch sein, können alle zugelassenen Varroabehandlungsmittel und -behandlungsmethoden in der Bienenkugel angewendet werden. Näheres erfahren Sie bei Ihrem Bieneninstitut. Bitte beachten Sie auch die länderspezifischen Vorgaben.

Der Bücherskorpion

Der Bücherskorpion ist ein Spinnentier und kann als Nützling im Bienenstock evtl. auch zur Reduzierung der Varroamilbe beitragen (Abb. 105). Mittlerweile ist von verschiedenen Forschern belegt, dass ein einzelner Bücherskorpion 6–8 Varroamilben am Tag vertilgt. Der Bücherskorpion

Abb. 105: Der Bücherskorpion ist ein willkommener Nützling im Bienenvolk.

Exkurs: Wie und wo fängt man einen Bücherskorpion?

In Holz und Heuscheunen findet man den Bücherskorpion heute immer noch. Dort kann man ihn fangen. Dazu nimmt man mehrere Abfallbretter und sägt mit der Kreissäge viele Schlitze ca. 5 mm tief in das Brett (Abb. 106). Dann verbindet man diese Bretter in der Mitte mit einer Schraube. Man kann auch noch kleine leere oder bebrütete Wachswabenteilchen zuvor in die Ritzen streuen. Vielleicht sind andere Stoffe auch wirksamer – einfach ausprobieren. Nun legt man die Holzpakete in die Scheune. In der Regel gehen die Bücherskorpione im Zeitraum von Mai bis August innerhalb von 1 bis 3 Wochen in die Ritzen. Dann schraubt man die Fallen auseinander und kann die Bücherskorpione in einen kleinen Eimer mit Stroh und Heu ausklopfen. Diesen Eimer stellt man dann in den freien Honigraumbereich (Abb. 107). Nach ca. 1–2 Wochen sind die Bücherskorpione aus dem Eimer herausgekrabbelt und im Bienenvolk bzw. in der Holzwolle verschwunden.

wurde bereits 1873 von Ludwig Koch erwähnt: „Übersichtliche Darstellung der europäischen Chernetiden“. Heute forscht die Universität Würzburg mit Torben Schiffer am Bücherskorpion in Bezug auf die Varroamilbe.

Der Bücherskorpion benötigt ein trockenes Klima. Eine zu hohe Luftfeuchtigkeit, wie sie in Magazinbeuten vorhanden ist, mag er nicht. Durch den Einsatz von Varroabehandlungsmitteln und die zu hohe Luftfeuchtigkeit ist er bei den Magazinbeuten nicht mehr anzutreffen. Es fehlen aber auch Ritzen und Schlitze in den Magazinbeuten, in die er sich zurückziehen kann.

Bei der Bienenkugel ist der Hohlraum mit der Holzwolle als Habitat für den Bücherskorpion vorgesehen. Durch die leicht gepresste Holzwolle entstehen viele kleine Ritzen für ihn. Es gibt mittlerweile einige Berichte von Imkern, die mit der Bienenkugel imkern, bei denen sich der Bücherskorpion von alleine angesiedelt hat. Auch reduzierte Ameisensäurebehandlungen hat er überlebt.

Abb. 106: Selbst hergestellte Fallen für den Bücherskorpion in einer Heuscheune.

Abb. 107: Einsetzen der gesammelten Bücherskorpione in die Bienenkugel-PRO.

Ergonomie und Zeitaufwand

Dieses Kapitel widmet sich erstmals den Aspekten der Ergonomie beim Imkern und analysiert die körperlichen Belastungen von Imkern, wenn sie ihre Bienenvölker in Magazinbeuten oder in der Bienenkugel halten. Die Untersuchungen führte Dr. phil. Kornelius Kraus durch. Er ist Diplom-Sportwissenschaftler und Master of Arts in Wissenschaftsgeschichte und Technikphilosophie.

Imkerschutz: Neben der Königin ist auch der König elementar für ein Bienenvolk.

Eine ergonomische Analyse bei der Völkerdurchschau mit einer Magazinbeute und der Bienenkugel

Seit über zehn Jahren beschäftigt sich Dr. Kornelius Kraus intensiv damit, das Verletzungsrisiko zu verringern sowie Möglichkeiten für eine Leistungssteigerung im gesunden Leistungssport zu erfassen. Besonders faszinierten ihn die von der Natur entwickelten Technologien für Energieeffizienz, Recycling und Kommunikation. Diese Begeisterung brachte ihn auch zur Bienenkugel mit dem Ziel, mehr über ökologische Zusammenhänge von Mensch, Biene und Natur zu verstehen.
Sein Know-how über Bio-Architektur und Bio-Kommunikation setzt er bei den Analysen und Entwicklungen zur Verbesserung von Schlaf, Immunstärke, Regeneration und Koordination ein. Spezielle Messinstrumente verwendet er dazu, um Erholungsprozesse und die Koordination derjenigen Muskeln zu visualisieren, die wir mit unseren Augen nicht sehen können.
Inspiration sucht er in der Wissenschaftsgeschichte, Architektur, im Design und der Philosophie. Mit diesem Hintergrund blickt er in die Seele von Innovationen. Angetrieben vom immensen Wissensreichtum der Menschheit sucht er im Team Lösungen mit dem Anspruch, dass diese den Menschen fördern, die Natur schützen und ein Unternehmen erfolgreich machen.
Erst wenn die Menschen, die Natur und Organisationen nicht geschädigt werden und profitieren können, ist für ihn eine Lösung nachhaltig. Dies ist möglich, weil das Entwicklungslabor „Natur“ erprobte Lösungen für viele Herausforderungen bereitstellt. Mit wissenschaftlichen Werkzeugen, Technologien und unserer Kreativität können wir sie heute besser erkennen, verstehen und anpassen, was für die Welt von morgen wertvoll ist.

Abb. 108: Auf einen Blick: die Risikofaktoren für Rückenschmerzen.

Problemstellung

In Deutschland betreuen 150.000 Imker 1.000.000 Bienenvölker und ernten zwischen 15 und 35 Tonnen Honig pro Jahr. Damit decken sie 20 % des deutschen Honigbedarfs (vgl. Daten vom Imkerbund e.V.). Die übrigen 80 % müssen importiert werden und verbrauchen zusätzliche Ressourcen. Neben dem schmackhaften Honig leisten die Imker indirekt einen wertvollen ökologischen Beitrag, da die Bienen nicht nur Honig, Wachs und Propolis erzeugen. Als Folge der Bienenbestäubung sind Ertragssteigerungen von bis zu 75 % beobachtet worden (Chadwick, Alton, Tennant et. al., 2017). Da Imker ihre Bienen auch bei Futterknappheit über den Jahresverlauf versorgen, sichern sie den Fortbestand der Honigbiene. Hiermit leisten sie einen unschätzbaren ökologischen Nutzen, über dessen Ausmaß ich hier nicht weiter spekulieren möchte.

Bisher hat sich die Wissenschaft hauptsächlich um die Biene und nicht um den Imker gekümmert.

Damit die Imker auch weiterhin ihre wichtigen Aufgaben leisten können, müssen wir zunächst ihre Leistung anerkennen, ihre Gesundheit schützen und Interessierten den Zugang erleichtern, damit sie sich mit ihren Talenten einbringen können. Ökologisch ist, wenn die Natur und der Mensch gewinnen[1]. Diese zeitlosen Maßstäbe sollten für Erfindungen und Innovationen nach COVID-19 gelten.

Bei wissenschaftlichen Untersuchungen stand bisher die Biene im Forschungsinteresse. Für ein

1 Vertiefte Einsichten zu ökologischen Organisationsformen liefert der Biochemiker und Pionier für vernetztes Denken Professor Frederic Vester. Seine Studiengruppe hat sich bereits in den 1970er-Jahren mit elementaren Umweltfragen beschäftigt.

gesundes Ökosystem ist allerdings auch die Gesundheit des Imkers, „des Königs der Bienenstöcke", von entscheidender Bedeutung. In der Regel leiden Imker an Bienengiftallergien und Rückenschmerzen. Rückenschmerzen stellen ein gesamtgesellschaftliches Problem dar, können allerdings bei Imkern zum Aufgeben der Imkerei führen.
Wissenschaftler beschäftigen sich seit Jahrzehnten mit Rückenschmerzen. Sie konnten Risikofaktoren wie Alter, Übergewicht, schwache Rumpfmuskulatur, unzweckmäßige Bewegungstechnik, hohe Stresslevel und anatomische Besonderheiten herausarbeiten (Abb. 108)[2].

Studien zur Gesundheit von Kindern und Jugendlichen in Deutschland (KiGGS) belegen, dass die koordinativen Fähigkeiten bei den Kindern immer mehr abnehmen. Die Forscher sehen die motorischen Defizite als Folge des modernen Lebensstils. Ausgehend vom heutigen Niveau ist von verschlechterten koordinativen Voraussetzungen der kommenden Imkergeneration auszugehen.
Um die Abhängigkeit von ausländischen Imkern zu reduzieren, muss der Arbeitsschutz besonders für professionelle Imker erhöht werden, da Rückenschmerzen die Gesundheit, Leistungsfähigkeit, Motivation und Begeisterungsfähigkeit reduzieren. Um Imkern als Hobby oder Beruf, insbesondere für Frauen und Jugendliche, attraktiver zu machen, kann die Kenntnis über ergonomische und ökologische Faktoren helfen, Innovationen zu entwickeln.

2 Vertiefte Einblicke liefern die Arbeiten von Reggie Edgerton, John Basmaijan, Glenn Kasman, Jeffrey Cram, Steven Wolf & Paul Hodges.

Warum ist eine ergonomische Analyse sinnvoll?

Die Ergonomie untersucht die wechselseitige Beziehung zwischen Menschen und deren Arbeitsbedingungen. Faktoren wie Arbeitssicherheit, Komfort, ökologische Wirksamkeit und Arbeitsfreude stellen sinnvolle Messgrößen dar, um eine Innovation zu bewerten. Denn die Kombination dieser Faktoren bestimmt den Gebrauchswert einer Innovation.

Derzeit gibt es knapp 30.000 Imkerinnen; damit machen sie 20 % aller gemeldeten Bienenhalter aus. Aus ergonomischer Sicht sind Frauen von besonderer Relevanz, denn sie sind durchschnittlich

Exkurs: Fallbeschreibung aus der Praxis

Larissa ist 18 Jahre alt. Sie mag Bienen und hatte sich entschlossen, mit dem Imkern zu beginnen. Sie imkerte eine Zeit mit einem Magazinbeutensystem. Nach ihren Aussagen verlor sie die Motivation, weil sich die Völkerdurchschau für ihren Rücken als eine zu hohe Belastung darstellte.
Mit der ergonomischen Analyse können wir quantitative Daten sammeln und Larissas Aussage in einem neuen Licht betrachten.

165 cm groß und damit 15 cm kleiner als ihre männlichen Kollegen. Hieraus ergeben sich unterschiedliche anatomische und biomechanische Voraussetzungen (Kraft-Last-Verhältnisse). Circa 5.000 Imker(eien)[3] sind für 25 % der jährlichen Honigernte in Deutschland verantwortlich. Diese Imkereien betreuen jeweils mehr als 25 Völker und benötigen daher besonderen ergonomischen Schutz, da bei ihnen die körperliche Beanspruchung deutlich erhöht ist.

Abb. 109: Modernste Technologie mit Muskelaktivitätssensoren ermöglichen es, direkt während der Imkertätigkeiten Muskelprofile zu erstellen.

Ziele und Methodik

Welche Ziele wurden bei der Untersuchung verfolgt?

Ziel des explorativen Untersuchungskonzepts war es, körperliche und technische Unterschiede sowie Informationen bezüglich der Bereiche Arbeitskomfort, ökonomischer Effizienz und Arbeitsfreude zu sammeln.

Wie wurde untersucht?

Es wurden zwei Extremgruppen gewählt, um mehr über die spezifischen Anforderungen der Imkertätigkeit zu erfahren. Diese Erkenntnisse sind wichtig, weil man daraus erste Hinweise für die Erhöhung des Imkerschutzes ableiten kann. Konkret wurden die Imkertätigkeiten gefilmt und die muskuläre Arbeit mit Muskelaktivitätssensoren (EMG) erfasst (Abb. 109). Mit diesen Messprofilen können wir die Koordination – die Melodie der Muskeln – studieren und Aussagen zur Beanspruchung der Rückenmuskulatur treffen. Außerdem erfolgten Vortests zur Klassifikation der Probanden und Fragebögen zur Bewertung des Arbeitskomforts und der Motivation.

Wo wird diese Messmethode auch noch eingesetzt?

Die Untersuchung der Muskelsignale als Messmethode geht weit zurück. Im 18. Jahrhundert beobachtete Luigi Galvani, ein italienischer Neurophysiologe, beim

3 Die Zahl ist eine Annahme und ergibt sich aus den veröffentlichten Daten des Deutschen Imkerbunds (Stand 2020).

Sezieren, dass sich die Muskulatur bewegt, wenn sie mit dem Skalpell berührt wurde. Mit seinen berühmten Froschexperimenten konnte er beweisen, dass die Muskulatur über elektrische Signale kommuniziert. Diese Entdeckung war ein großer Meilenstein für die Muskelforschung, welche die elektrophysiologischen Grundlagen für das Verständnis von Koordination und Bewegungslernen erst ermöglichte.
Heute können wir mit kleinen Klebesensoren bzw. mit in Textilien eingewebten Sensoren nicht nur die Bewegung im Labor messen, sondern Bewegungsprofile im freien Feld über mehrere Stunden erstellen. Im Leistungssport wird diese Technologie beispielsweise eingesetzt, um Bewegungen zu optimieren und das Verletzungsrisiko zu minimieren. Sie ist aber auch geeignet, um die ergonomische Beanspruchung von Produkten und Arbeitsprozessen besser zu verstehen. Neben zuverlässiger Technologie ist allerdings hierfür eine ausgeprägte methodische und fachliche Kompetenz elementar, um aus den erfassten Daten zuverlässige Informationen abzuleiten. Einen Einblick in den Versuchsaufbau liefert die Untersuchungsskizze (Abb. 110).

Wer wurde untersucht?

Wir haben die Gruppe „Zukunftsimker“ (18 Jahre, 2 Frauen und 1 Mann) und zwei ältere Senior-Imker (> 55 Jahre) mit Schmerzhistorie untersucht. Die Probanden gaben an, dass sie sich 2–5 Stunden pro Woche bewegen bzw. Sport treiben.

Was wurde untersucht?

Wir haben die Tätigkeiten der Völkerdurchschau unter ergonomischen Aspekten untersucht. Hierzu war beim Magazinbeu-

Abb. 110: Übersicht über das Versuchsdesign.

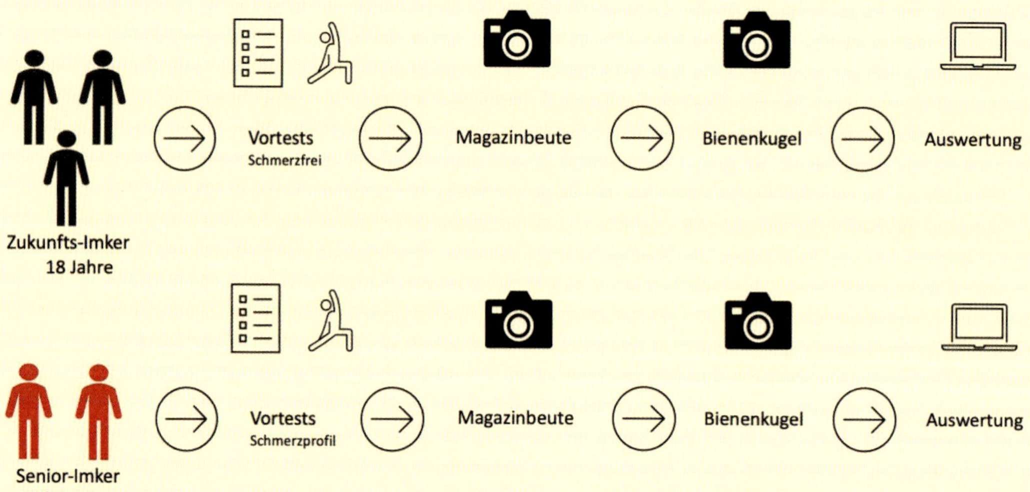

tenimkern das Umsetzen von zwei Honigräumen (18–21,5 kg) nötig, um zum Brutraum zu gelangen und mit der Völkerdurchschau zu beginnen.
Beim Imkern mit der Bienenkugel öffnet der Imker die Klappe und kann anschließend mit der Völkerdurchschau beginnen. Um den Einfluss der Bewegungskomponente ohne den Einfluss individueller Bienenvölker zu studieren, wurden keine Bienenvölker eingesetzt, sondern standardisierte Gewichte von 18 und 21,5 kg in die Beuten eingesetzt. Außerdem vermeidet man so, die Bienen an einem Testtag unnötigem Stress auszusetzen.

Ergebnisse: Zu welchen Erkenntnissen sind wir gelangt?

Abb. 111: Beim Imkern mit der Magazinbeute beobachteten wir ungesunde Arbeitshaltungen bei Jung und Alt.

Das Imkern mit der Magazinbeute im Vergleich zur Bienenkugel erfordert einen stark erhöhten Einsatz der Rumpfmuskulatur.

Die Völkerdurchschau mit der **Bienenkugel** findet auf Hüfthöhe statt. Die koordinativen Anforderungen, die Lasten und die muskuläre Beanspruchung sind sehr niedrig, sodass das Risiko von Bewegungsschäden beim Imkern mit der Bienenkugel sehr niedrig ist. Auch der Arbeitskomfort wurde von den Probanden als sehr angenehm wahrgenommen.
Beim Imkern mit den **Magazinbeuten** stellten sich erhöhte körperliche und technische Voraussetzungen im Vergleich zur Bienenkugel heraus. Beispielsweise liegt die Arbeitshöhe bei der Bienenkugel auf 110 cm, und bei dem Magazinbeutensystem zwischen 40 und 127 cm, somit ist hier die vertikale Belastung deutlich erhöht (Abb. 111 a und b).
Der Rückenmuskel *(Musculus erector spinae)* zeigte in unserer Untersuchung

eine um über 130 % angestiegene Muskelaktivität beim Imkern mit der Magazinbeute (Abb. 112). Die erhöhten Muskelaktivitäten sind notwendig, um die Magazinlasten zu bewegen. In unserem Versuch wurden Honigräume zwischen 18 und 21,5 kg bewegt. Allerdings können Honigräume mehr als 30 kg wiegen. Daher ist von einer deutlich erhöhten Beanspruchung während der Honigernte auszugehen.

Haben Frauen ergonomische Nachteile?

Unsere ergonomischen Beobachtungen und Messwerte belegen, dass die Magazinbeuten erhöhte muskuläre Beanspruchungen im unteren (lumbalen) Rückenbereich erzeugen. Insbesondere Frauen haben Nachteile aufgrund ihrer Körpergröße und der niedrigeren Kraft-Last-Verhältnisse. Beispielsweise müsste eine Imkerin mit 10 Bienenvölkern bei der Völkerdurchschau bis zu 600 kg bewegen.

Gibt es Unterschiede zwischen den Zukunftsimkern und den Senior-Imkern?

Schmerzpatienten zeigen in der Regel eine schlechtere Koordination, häufig als Folge der kompensatorischen „Schonhaltung". In unserem Versuch bestätigte

Abb. 112: Erhöhte Rückenmuskelaktivität beim Magazinbeutenimkern im Vergleich zur Bienenkugel.

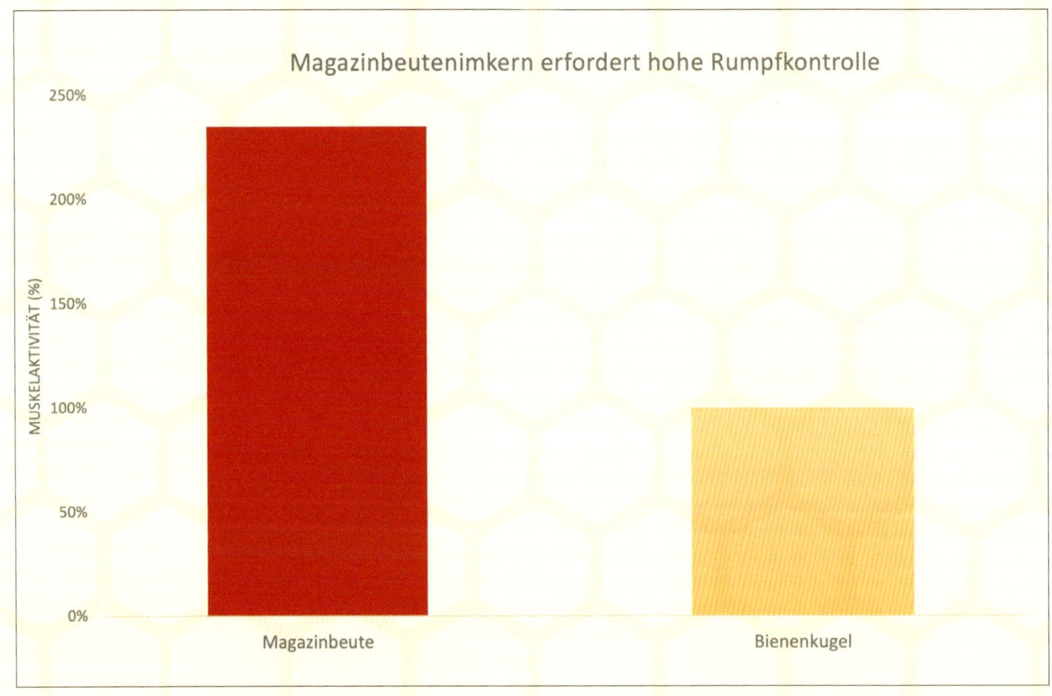

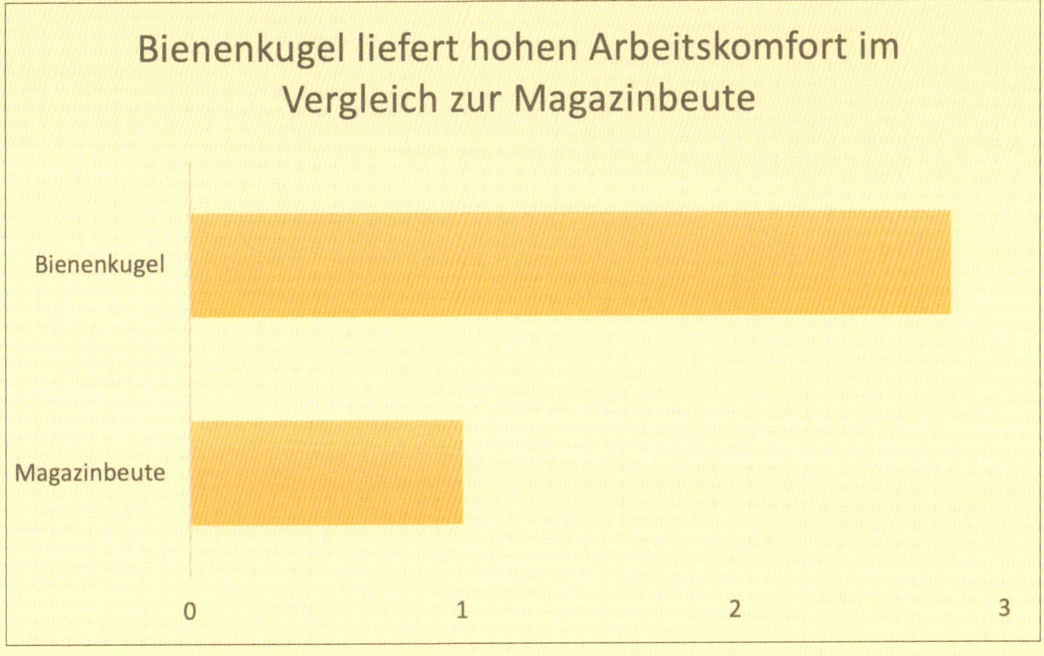

Abb. 113: Arbeitskomfort im Beutenvergleich.

sich das auch bei den Senior-Imkern (mit Schmerzhistorie im Rücken bzw. Knie). Es zeigte sich zwar eine erhöhte Rückenstreckeraktivität (um 86 bzw. 114 %) bei den Versuchen mit der Magazinbeute. Im Vergleich zu den Zukunftsimkern sind die Werte trotzdem deutlich geringer (140 %; Spannweite: 121–170 %) (Abb. 113). Wahrscheinlich ist die Schonhaltung bei den Senior-Imkern für die verhältnismäßig geringe Rückenmuskelaktivität verantwortlich. Aber auch unterschiedliche Kraft-Last-Verhältnisse führen zu unterschiedlichen Koordinationsmustern, um den Aufgaben gerecht zu werden. Um dies zu klären, sind weitere vertiefte Studien nötig.

Was bedeuten die Erkenntnisse für die Imkerei?

Durch die ergonomische Architektur bringt die Bienenkugel den Imker nicht in ungesunde Bewegungssituationen bei der Völkerdurchschau und Schwarmkontrolle (Weiselkontrolle). Außerdem kann der Imker bei der Völkerdurchschau Zeit sparen.
Um mit Magazinbeuten gesund und fachgerecht imkern zu können, sind neben einer guten Mobilität im Sprung-, Knie- und Hüftgelenk ausreichend Kraft und Ausdauer nötig. Zudem kann eine Körpergröße über 170 cm den Arbeitskomfort verbessern. Beim Magazinbeutensystem besteht

eine erhöhte Schmerz- und Verletzungsgefahr bei unzureichender Technik, ungesunden Belastungen und Ermüdung. Insbesondere Imker mit Rückenschmerzen haben ein hohes Risiko, einen Bandscheibenvorfall zu erleiden. Generell gilt, je schlechter die Voraussetzungen des Imkers, desto wichtiger ist das Risikomanagement.

Die Bienenkugel fungiert als präventives, rückenschonendes System.

Was könnten Magazinbeutenimker tun, um Bewegungsschäden zu verhindern?

Um das Risiko von Bewegungsschäden zu verhindern, ist eine adäquate Hubtechnik wichtig und die Vermeidung übermäßiger und ungesunder Belastung. Elementar hierfür sind kräftige Rumpfmuskeln sowie eine gute Mobilität und Stabilität in den Sprung-, Knie- und Hüftgelenken. Diese Fähigkeiten zu entwickeln, ist sehr sinnvoll – vor allem dann, wenn Sie sportlich aktiv bis ins hohe Alter sein wollen. Hierfür eignet sich eine Zusammenstellung verschiedener Kniebeugeübungen. Dabei ist auf eine gute Knieachsenstabilität zu achten, denn das ist der Schlüssel für gesunde Knie und Hüftgelenke. Außerdem sind stabilisierende Übungen für die Schultermuskulatur sinnvoll, um kräftig und sicher zuzupacken.

Voraussetzung für einen gesunden und leistungsfähigen Bewegungsapparat ist eine starke Mitte.

Studien des australischen Motorikforschers Paul W. Hodges haben gezeigt, dass die gezielte Koordination von Rumpf- und Schultermuskulatur elementar für schmerzfreie Bewegung ist.

Was wurde getan, um die Irrtumswahrscheinlichkeit zu reduzieren?

Wir Menschen irren uns. Entscheidend ist nur, dass wir uns nach vorne irren. Die wissenschaftliche Methode ist das geistige Werkzeug der Wissenschaftler, um zu besseren Erkenntnissen zu kommen und damit die Verbreitung von Ideologien zu vermeiden.

Im Mittelalter wurden Hexen für Seuchen verantwortlich gemacht. Später stellte sich heraus, dass aber stark verunreinigtes Trinkwasser die Ursache war. Das Trinkwasser war deshalb verunreinigt, weil es keine funktionierende Infrastruktur für das Abwasser gab. Dies hatte ein infektanfälliges Immunsystem zur Folge. Schließlich waren es Innovationen von Tiefbauingenieuren, die diese Probleme lösen konnten. Heute ist sauberes Wissen genauso wichtig für den ökologischen Fortschritt wie sauberes Trinkwasser in der frühen Neuzeit. Somit haben wir Wissensprodu-

zenten auch eine hohe gesellschaftliche Verantwortung.
Denn unser Produkt – die Information – dient als Begründungsinstrument für Entscheidungen in Wirtschaft und Politik. Aus dieser Kenntnis leiten sich hohe Anforderungen an das wissenschaftliche Handwerk ab. Ganz elementar ist hierbei die Angabe von Informationsgrenzen (Validität), die Kompetenz der Wissenschaftler sowie die Aufklärung der Wissensanwender über mögliche Chancen und Risiken. Hier besteht noch sehr großer Nachholbedarf in der Gesellschaft.[4]
Bei Befragungen zum Beispiel ist zu beachten, dass Menschen Angaben machen, die nicht zwangsläufig der Realität entsprechen müssen. Dieses Phänomen bezeichnen Wissenschaftler als „soziale Erwünschtheit". Diese Erkenntnis deckt sich auch mit meinen praktischen Erfahrungen mit Athleten und Patienten. Menschen sagen nicht immer die Wahrheit. Gründe hierfür können sein: fehlende Wahrnehmung, mangelnde Ernsthaftigkeit, um anderen zu gefallen, oder auch um sich oder andere zu schützen. Daher sind Beobachtungen, Gespräche und Messungen notwendig, um den Wahrheitsgehalt von Erkenntnissen zu erhöhen.
Aus diesem Grund wurde im Vorfeld eine Pilotstudie eingesetzt, um erste Erfahrungswerte zu sammeln und die Messtechnik und das Testdesign im Feld zu erproben.

4 Interessierten sind die bahnbrechenden Arbeiten des mehrfach ausgezeichneten Professors Gerd Gigerenzer (Das Einmaleins der Skepsis und der richtige Umgang mit Zahlen und Risiken) sowie Nobelpreisträger Daniel Kahneman (Noise – Was unsere Entscheidungen verzerrt – und wie wir sie verbessern können) empfohlen.

Was bedeuten die Erkenntnisse für die Zukunft der Imkerei?

Eine individuell anpassbare Arbeitshöhe und geringe Lasten erleichtern den Zugang für alle. Besonders profitieren hiervon physisch benachteiligte Gruppen wie Frauen, Kinder oder Jugendliche. Aber auch Rentnern sollte der ergonomische Zugang zum Imkern erleichtert werden. Im biologischen Lebenszyklus nimmt mit dem Alter die Kraftfähigkeit ab. Insbesondere Frauen haben schlechtere Bedingungen für eine lange Imkerzeit. Dies könnte die niedrige Imkerinnenquote (20 %) erklären. Die gewonnenen Erkenntnisse zur Ergonomie bei der Bienenkugel können helfen, dass Frauen die Imkerei als attraktives Hobby, Neben- oder Haupterwerb wahrnehmen, da mit der Bienenkugel die gesundheitlichen Risiken sehr gering sind. Um den ökologischen „Impact" der Bienenkugel und anderer Beutensysteme noch differenzierter zu bewerten, müssen der Pflegeaufwand und die Produktivität (Qualität und Quantität) genauer studiert werden. Zusätzlich sollten die Erkenntnisse der Ergonomie-Pilotstudie mit größeren Stichproben überprüft werden.

Wie könnte die Zukunft aus deiner „kurzen" imkerlichen Erfahrung aussehen?

Nach meiner Wahrnehmung nimmt das ökologische Bewusstsein zu.
Die Biene eignet sich sehr gut, um vernetztes Denken spürbar zu vermitteln. Zusammenhänge von Bio-Architektur, Hygiene und Mikrobiom sind nicht nur für die Bienen relevant.
Auch der Einfluss von Jahreszeiten auf das Verhalten des Volks in Abhängigkeit von Nahrungsangebot, Standort und den Eingriffen des Imkers machen den Bienenstaat zu einem hochinteressanten Studien- und Lehrobjekt für Hygiene, Alterungsprozesse oder auch Organisationsformen. Daher habe ich meine Bienenkugel mit mehreren Sensoren ausgestattet.
Für den naturnahen Unterricht in Mathematik, Informatik oder Naturwissenschaft gibt es für Schüler und Lehrer noch so viel zu erleben und zu entdecken. Naturnahe Projekte holen die Schüler in ihrer Lebenswelt ab bzw. bringen sie in städtischen Gegenden mit der Natur in Kontakt.
Exponentielles Wachstum, Grenzwerte, Zeitverzögerungseffekte und vieles mehr lassen sich in der Natur beobachten. Es ist ja keine neue Erkenntnis, dass wir viel schneller lernen und besser behalten, wenn wir etwas selbst in die Hand nehmen. Um etwas zu begreifen, müssen wir Sachen drehen und wenden. Daher müssen wir auch nicht mehr Geld für die Schulbildung ausgeben, denn es ist bereits das meiste in der Natur vorhanden. Das Erlebnis kommt nicht ins Klassenzimmer, das bekommen nur die, die hinausgehen und die Dinge in die Hand nehmen. Wissenschaftlich gesicherte kostenlose Nebeneffekte sind außerdem die Steigerung der Selbstheilung (Parasympathikus), die Stärkung des Immunsystems und die körperliche Fitness.

Ein elementarer Baustein für ökologisches Handeln ist, erst mal ökologisch zu denken.

Wenn Sie die Absicht haben, mit der Imkerei zu beginnen, dann suchen Sie sich ein Imkersystem, das zu Ihnen passt. Suchen Sie sich einen Mentor, der Erfahrung mit Ihrem System hat. Auch wenn ein Blick von einem erfahrenen Imker ins Volk vor Ort durch nichts zu ersetzen ist, ist die Mentorensuche durch die Digitalisierung viel leichter geworden.

Wechseln Sie mal die Perspektive und fliegen Sie gedanklich als Biene in unterschiedliche Beutensysteme hinein:

- Würden Sie sich darin wohlfühlen (Klima, Schall)?
- Würden Sie lieber Blütennektar oder Zucker verhonigen?
- Würden Sie lieber Zucker oder Honig essen?

Werfen Sie auch mal den Blick als Biene auf die Imker:

- Was sehen Sie bei der Völkerdurchschau?
- Wie fühlt der Imker sich beim Einfüttern?
- Wie fühlt er sich bei der Varroabehandlung?
- Was nehmen Sie sonst noch wahr?
- Ist es stimmig oder fehlt noch etwas?

Erfahrungsberichte

1. Erfahrungsbericht

von Eberhard Schmidt-Elsaeßer, Kiel

Auf die Bienenkugel von Andreas Heidinger bin ich in einem Imkerladen im September 2020 bei meinem Urlaub in der Nähe von Freiburg aufmerksam geworden. Wenn man bisher mit eckigen Styropor-Beuten geimkert hat, ist die Bienenkugel eine Beutenform, die einen sofort fasziniert – jedenfalls ging es mir so. Da ich mich zu einem „Spontankauf" nicht entschließen konnte, habe ich mir zunächst das Buch „Imkern mit der Bienenkugel" von Andreas Heidinger und Christian Kuhn gekauft. Nach dem Studium dieses Buches war ich von der Bienenkugel überzeugt. Ich hatte bereits selbst nach Lösungen gesucht, wie insbesondere im Winter die Bildung von Kondenswasser und eine damit verbundene Schimmelbildung auf den Waben verhindert werden konnte. Ich bestellte also die Bienenkugel-PRO – und zwar als Bausatz. Der Zusammenbau war überhaupt kein Problem. Die Bauanleitung war sehr informativ, und alle Einzelteile waren gut gearbeitet und passten daher hervorragend zusammen. Auch für das Dach, das man selber bauen muss, hatte ich sofort eine Idee. Die Bienenkugel wollte ich nicht neben meinen Bienen-Stand stellen. Daher wählte ich einen Platz hinter meinem Bienengarten.

Das Untergestell besteht aus Eisenrohren, die ich in den Untergrund geschlagen habe.

Nun fehlten nur noch die Bienen. Bei zwei von meinen Bienenvölkern habe ich die „Schwarmstimmung" nicht unterdrückt und am 30. Mai 2021 konnte ich einen Schwarm einschlagen.

Nachdem die ersten Kundschafterinnen die Beute inspiziert hatten, war bei dem Schwarm kein Halten mehr.

Das Imkern mit der Bienen-Beute ist sehr einfach und rückenschonend. Wenn man die Beute öffnet, hat man sofort einen guten Überblick über seine Bienen, insbesondere über die Größe des Bienenvolkes und ihren Sitz. Im Gegensatz zur Kastenbeute muss man dafür keine Rahmen ziehen und keine Kästen abnehmen. Das hat zur Folge, dass meine Bienen auch sehr ruhig sind, wenn ich die Beute öffne und sie kontrolliere, obwohl das Bienennest sehr frei liegt. Die Bienen haben sich im Sommer hervorragend entwickelt. Die Honig- und Pollenvorräte sind für den Winter mehr als ausreichend. Ein Nachfüttern mit Zuckerwasser war daher nicht erforderlich. Im ersten Jahr ernte ich grundsätzlich keinen Honig. Die Bienen haben die Holzwolle bereits mit Propolis überzogen.

Gegen die Varroa-Milbe habe ich die Bienen im August sanft mit Ameisen-Säure behandelt.

Nach 5 Tagen habe ich die Beute das erste Mal geöffnet und war erstaunt, wie schnell die Bienen die Bienenkugel ausgebaut hatten. Die Bienen hatten an den Rund-Rahmen mit dem Wabenbau begonnen. Mittelwände hatte ich dafür nicht eingebaut.

Am 12. September habe ich die Bienenkugel das letzte Mal vor dem Winter geöffnet. Die Bienen ziehen sich bereits zusammen und sitzen in der Mitte der Beute unter den Vorräten. Nun bin ich gespannt, wie die Bienen über den schleswig-holsteinischen Winter kommen.

Im nächsten Jahr werde ich dann das erste Mal Honig ernten. Da die Rahmen der Bienenkugel nicht in meine Schleuder passen, werde ich den Honig entweder mit den Waben ernten oder den Honig aus den Waben pressen. Gespannt bin ich auch darauf, ob sich die Varroa in der Bienenkugel auf einem niedrigen Niveau einpendelt. Nach nun einem halben Jahr kann ich mit Überzeugung sagen, dass das Imkern mit der Bienenkugel meine Erwartungen bisher voll erfüllt hat.

2. Erfahrungsbericht

Die Bienen in meinem Leben

von Franziska Zieris, Regensburg

Wie ich zur Bienenkugel kam

Mein Leben verlief weitgehend bienenfrei – bis ich mit meinem Mann und unseren drei kleinen Kindern in ein Haus zog, das an einem Bahndamm mit altem Baumbestand steht. Dort finden Bienen vom Haselstrauch im zeitigen Frühjahr über Weißdorn, Mirabelle und Robinie bis zum blühenden Efeu im Herbst ein durchgehendes Nektar- und Pollenangebot. Viele Bienen summen an diesem Bahndamm, und im Sommer sitzen auch im Garten einige Bienen am blühenden Klee.

Intensiviert wurde der Bienenkontakt, als ein Jungimker am Nachbargrundstück sein erstes Bienenvolk aufstellte.

Nachdem wir ein Bienenjahr miterlebt hatten, bei dem wir in viele Überlegungen des benachbarten Jungimkers mit einbezogen wurden, wollten wir unsere eigenen Bienen halten.

In unserem ersten Bienenjahr wurden wir von einem Imkerpaten beraten. Zu dessen Betriebsweise gehörten

- Bienenhaltung in der Magazinbeute (Zander),
- Mittelwände in allen Rähmchen, Naturwabenbau nur im Drohnenrahmen,
- Schwarmverhinderung durch Ausbrechen aller Schwarmzellen,
- Varroabehandlung nach Termin,
- regelmäßiges Schneiden der Drohnenbrut.

Eine Bienenhaltung ohne diese Eingriffe war seiner Überzeugung nach zum Scheitern verurteilt.
Mich faszinierten aber damals schon Bienen, die in Baumhöhlen leben und überleben.
Kommen doch manche Bienenvölker ohne die Eingriffe eines Imkers zurecht? Sie bauen ihre Waben selber im reinen Naturwabenbau, es wird kein Schwarm verhindert und keine Drohnenbrut entfernt. Offenbar stellt sich dann ein Gleichgewicht ein zwischen der Varroamilbe (Parasit) und dem Bienenvolk (Wirt).
Erste Erfahrungen mit Naturwabenbau machte ich mit der Bienenkiste von *mellifera* e.V.
Im Internet suchte ich nach Berichten von Naturwaben-Imkern und nach Klotzbeuten als möglichem Baumhöhlen-Ersatz.
Bei meiner Recherche entdeckte ich auch die Bienenkugel von Andreas Heidinger!
Die Bienenkugel schien mir ein fairer Kompromiss: Während die Bienen in der Bienenkugel eine baumhöhlenähnliche Umgebung vorfinden, kann der Imker dank der mobilen Rähmchen das Bienenvolk auf Brutkrankheiten hin kontrollieren und den Varroabefall bestimmen. Eine Varroabehandlung ist bei Bedarf ebenfalls möglich.
Meine erste Bienenkugel brachte mir Andreas sogar persönlich (auf dem Weg zu seinem Vortrag über die Bienenkugel).
Bei der Entscheidung für die Bienenkugel hat mich seine Überlegung zur verminderten Wärme-Abstrahlung überzeugt.
Ästhetisch gefällt mir der Naturwabenbau in den kreisrunden Rähmchen. Tatsächlich fliegen die Bienen bei den runden Fluglöchern anders ein und aus als bei einem schmalen, rechteckigen Flugloch. Auch die Wächterbienen patrouillieren anders an den runden Fluglöchern.

Im Herbst 2020 wollte ich mir zwei weitere Bienenkugeln kaufen und erfuhr, dass es inzwischen eine neue Variante gibt, die sog. Bienenkugel-PRO. Andreas lud uns ein, unsere zwei Exemplare der Bienenkugel-PRO in seiner Erfinderwerkstatt zusammenzubauen.
Die Bienenkugel-PRO bietet den Bienen eine Nachbildung des liegenden Baumstamms. Gleichzeitig gewährt sie dem Imker die gewohnten Vorteile der mobilen Rähmchen – eine perfekte Lösung für Bienenvolk und Bienenhalter!
Im Sommer 2021 wurde eine unserer Bienenkugeln-PRO bereits mit einem Schwarm besiedelt. Dieses Bienenvolk hat sich in diesem verregneten Sommer am besten entwickelt und war beim Einwintern mein stärkstes Volk!

Bienenhaltung in der Bienenkugel-klassik und der Bienenkugel-PRO

Jede Bienenbeute erlaubt es uns Bienenhaltern, neue Erkenntnisse über unsere Bienenvölker zu gewinnen.
Die Bienenkugel ist in meiner Bienenhaltung bisher die einzige Beute, in der die Waben nicht durch Wildbau miteinander verbunden werden.
Jedes Rähmchen wird sauber ausgebaut. Das obere Drittel ist dick ausgezogen und bildet einen schönen Honigkranz, der nur einen schmalen Spalt zum Honigkranz des angrenzenden Rähmchens lässt.
Unter dem Honigkranz befinden sich der Pollenkranz und das Brutnest, beide sind auf deutlich schmalerem Wabenwerk angelegt. Man bekommt den Eindruck, dass der Honigkranz eine Wärmedämmung bildet oberhalb des Arbeitsbereichs der Stockbienen.
Seit meinem zweiten Imkerjahr lasse ich meine Bienenvölker schwärmen und ich entferne keine Drohnenbrut.

Die Völker bringen jeweils bis zu drei Schwärme hervor, der abgeschwärmte Rest überwintert auf den eigenen Honigvorräten, und der Varroabefall bleibt unauffällig.
Im Spätsommer lagern die Bienen den Honig aus den Randwaben näher an die Zentralwaben, wobei sie die Randwaben sorgfältig reinigen. Diese Randwaben schimmeln nicht!
Die Rähmchen mit Brut ziehe ich etwa einmal im Monat, um das Brutbild eingehend auf Anzeichen von Brutkrankheiten zu untersuchen (da im Umkreis einige Imker ihre Bienenvölker halten).
Besonders glücklich schätze ich mich, wenn ich bei einem Bienenvolk das sog. allo-grooming (gegenseitiges Putzen) der Bienen beobachten kann. Tatsächlich findet dies auch am Flugloch statt!
An Einraumbeuten wie der Bienenkugel-PRO schätze ich, dass kein Honigraum aufgesetzt wird! Die Honigwaben befinden sich auf gleicher Höhe wie die Brutwaben und könnten durch ein Absperrgitter vom Brutraum getrennt werden.
Das Aufsetzen von Honigräumen (oder anderen Leerzargen) scheint mir ein besonders kritischer Eingriff zu sein.
Die Brutwärme und die sog. Nestduftwärme ziehen in die aufgesetzte Leerzarge, die Bienen müssen also mehr Energie aufbringen, um die nötige Brutwärme zu halten. Aufgesetzte Leerzargen werden erfahrungsgemäß besonders zügig ausgebaut. Das zeigt dem Imker, dass die Bienen keinen Leerraum über dem Brutnest dulden – manche Bienenvölker verkitten den Spalt unter der aufgesetzten Zarge sogar, um den Brutraum gegen diesen Wärmeverlust zu schützen!
Durch das Aufsetzen einer Leerzarge gibt der Imker die Priorität bei der Arbeitsteilung im Bienenstock vor:
Zuerst muss dafür gesorgt werden, dass keine Wärme mehr nach oben abzieht, d.h. die aufgesetzten Rähmchen werden ausgebaut und mit Honig gefüllt, davon profitiert der Imker. Die Bienen vernachlässigen dabei die Hygiene im Bienenstock, davon profitiert die Varroamilbe! Das erklärt wohl, warum ich gerade von erfahrenen Imkern höre, dass ihre Bienenvölker mit den höchsten Honigerträgen üblicherweise den massivsten Varroabefall aufweisen.

Die Bienen im Leben meiner Kinder

Noch bevor wir eigene Bienen im Garten ansiedelten, hatten Bienen aus der Umgebung bereits unseren Garten entdeckt. Im Sommer blüht dort nämlich der Klee und lockt Bienen an.
Da meine Kinder barfuß im Garten spielten und Handstand übten, blieb es nicht aus, dass sie Bienenstiche bekamen. Die Kinder liefen auch nach ihrem ersten Bienenstich weiterhin barfuß durch den Garten, der Spaß wiegt das Risiko auf.
Wir vereinbarten, dass es für alle Kinder eine Kugel Eis von der Eisdiele gibt, wenn nur eines der Kinder von einer Biene gestochen wird. Inzwischen gilt diese Vereinbarung nur noch bei sehr unangenehmen Bienenstichen, denn meistens tritt gar keine Reaktion mehr auf die Stiche auf.

Jedes unserer Kinder hat seine eigene Geschichte eines unangenehmsten Bienenstichs:
Larissa trat im Garten auf eine Biene, der Fuß schwoll an, die Schwellung zog bis zur Wade hoch. Der Stich war schmerzhaft, aber in Erinnerung geblieben ist der lästige Juckreiz, der oft beim Verheilen eintritt.
Dominik wurde neben dem Auge gestochen (die Biene fühlte sich hinter seiner

Brille bedroht), als er für den Bienenverein Holz spaltete.
Fabian wurde an der Oberlippe gestochen, die dick anschwoll. Wir bewundern ihn immer noch dafür, dass er mit dem so entstellten Gesicht zur Eisdiele ging!
Unsere Kinder geben bei Bienenstichen einen Tropfen *helpic* auf die Einstichstelle und nehmen bei Bedarf Globuli.
Sie haben gelernt, den Stachel so schnell wie möglich zu entfernen.
Unsere Kinder sind nie krank und sie haben keine Allergien. Ob ihr Immunsystem bereits durch die seltenen Bienenstiche ausreichend stimuliert und trainiert wird?
Vor allem haben meine Kinder ganz entscheidend dazu beigetragen, dass meine Betriebsweise so bienenzentriert wurde. Ich bezeichne sie darum gerne als die Anwälte meiner Bienen.

Drohnenbrut schneiden?

Sie waren sehr skeptisch, als ich – gemäß Anordnung meines Imkerpaten – einmal Drohnenbrut aussortierte.
Die Hühner des Nachbarn stürzten sich freudig auf die Drohnenmaden. Wie aber sollte ich meinen Söhnen erklären, dass bei unseren Bienen „die Männer" entfernt werden, also offensichtlich als wenig nützliche Mitbewohner erachtet werden?
An der Stelle sollte gesagt werden, dass viele bienenbegeisterte Kinder gerade von den Drohnen besonders angetan sind!

Bienenvölker behandeln?

Da der Imker bei der Varroabehandlung mit organischen Säuren einige Schutzmaßnahmen ergreift, war den Kindern schnell klar, dass die Bienen durch die organischen Säuren vermutlich auch beeinträchtigt werden. Sie ließen sich immer genau erläutern, ob jede der vorgenommenen Behandlungen tatsächlich nötig sei.
Inzwischen bestimme ich regelmäßig den Varroabefallsgrad anhand der sog. Puderzuckermethode und behandle dann schadschwellenorientiert, wie von Dr. Ralph Büchler vom Bieneninstitut Kirchhain schon seit vielen Jahren empfohlen. Hin und wieder entdeckt man dabei ein Bienenvolk, das den Varroabefall von sich aus niedrig hält, also ein (vorübergehend?) varroaresistentes Bienenvolk!

Honig ernten?

Einige meiner Bienenvölker stehen in unserem Garten. Meine Kinder sehen also, wie viele Bienen ein- und ausfliegen müssen, um Honig für ihren Wintervorrat einzutragen. So sehr sie unseren Honig mögen, bestehen sie darauf, dass auch den Bienen immer genügend Honig als Wintervorrat bleibt.

Mein Fazit: Eine runde Sache!

Im Laufe der Jahre entwickelte ich eine bienenzentrierte Betriebsweise, die meinem Anspruch nach naturwissenschaftlich nachvollziehbaren Kriterien gerecht wird.
Die Bienenkugel-klassik und die Bienenkugel-PRO spielten und spielen dabei eine ganz zentrale Rolle, weil sie den Bedürfnissen der Bienen nach einer Baumhöhle entgegenkommen
und der Imker seiner Fürsorgepflicht für die von ihm gehaltenen Bienen nachkom-men kann.
Nachdem ich nun gelernt habe, mit varroaresistenten Bienen in baumhöhlenähnlichen Beuten zu imkern, erkenne ich, dass dies von Anfang an mein Traum war.

3. Erfahrungsbericht

Erfahrungsbericht eines Anfängers

Jakob Paula, Dachau

In diesem Jahr bin ich 60 Jahre alt geworden. Ein Alter, in dem man noch etwas Neues anfangen kann. Das Neue war für mich die Beherbergung eines Bienenvolkes in meinem Garten. Mit Bienen hatte ich bisher keine Erfahrungen gemacht, außer dass ich immer schon gerne Honig aufs Butterbrot gestrichen habe. Aber das ist ja nur eine indirekte Berührung. Also, die Bienen waren völliges Neuland! Inzwischen – nach einem halben Jahr – kann ich sagen, dass die Beschäftigung mit der Imkerei meinen Horizont beträchtlich erweitert und mir bis dahin unbekannte Zusammenhänge von Tier-, Pflanzen- und Menschenwelt erschlossen hat.
Durch meine Schwägerin wurde ich mit Herrn Heidinger bekannt, der für mich eine im Inneren runde Bienenbehausung baute, mir ein Volk besorgte und mich durch mein erstes Bienenjahr mit Rat und Tat begleitete. Ohne fachkundige Begleitung wären meine Bienen und ich verloren.
In den ersten Wochen bin ich ziemlich stolz auf meine neue Beschäftigung gewesen, so dass ich meine neuen Gartenbewohner allen meinen Besuchern „vorführen“ wollte. Irgendwann habe ich bemerkt, dass es nicht anständig ist, andere Geschöpfe „zur Schau zu stellen“. Seither öffne ich den Bienenstock nur noch einmal in der Woche und bei wirklich interessierten Besuchern. Sehr verlockend finde ich den Blick auf das Flugloch, das Ein- und Ausfliegen der Bienen, ihre Bewegungen und den eigenartigen Eindruck, dass jedes Tier offenbar intuitiv „weiß“, was zu tun ist und sich dabei nicht irritieren lässt. Es ist paradox: Trotz der ständigen Bewegtheit der Bienen wirkt ihr Anblick beruhigend.
Die Begründung dafür, den Bienen ein rundes Zuhause anzubieten, hat mich von Anfang an überzeugt. Es ist nur plausibel, dass Tieren, die Millionen Jahre in hohlen Bäumen gelebt haben, eine trommelförmige Beute mit runden Waben mehr entspricht als ein rechteckiges Gehäuse. Artgerechte Tierhaltung bedeutet, den Tieren entgegenzukommen und sie nicht den Vorstellungen und Gewohnheiten der Menschen zu unterwerfen. Landwirtschaft und Tierhaltung sind Kulturformen, die nicht gegen die Natur arbeiten und sie ausbeuten, sondern sie sollen der Natur helfen, sich zu entfalten und ihr Bestes geben zu können.
Eine berührende Entdeckung, die ich den Bienen indirekt verdanke, möchte ich zum Schluss noch anführen: Mein Garten grenzt unmittelbar an die KZ-Gedenkstätte in Dachau an; unter den Häftlingen waren auch 2720 katholische Priester; einer von ihnen hat sich offenbar aus der Häftlingsbibliothek ein Buch über „zeitgemäße Bienenzucht“ ausgeliehen und sich in einem kleinen Heft viele Notizen daraus gemacht. Dieses Heft bekam ich zufällig in die Hände. Die Beschäftigung mit der Bienenkunde war für den Häftling ein großer Trost. Er fügt seinen Notizen später ein Vorwort hinzu: „Diese Zeilen schrieb zur Ablenkung in der furchtbaren Lage seiner KZ-Haft Herrmann Dümig, Nr. 26589, Priesterhäftling vom 5.7.41 bis 5.4.45 ...“ – Heute leben wir glücklicherweise unter ganz anderen Umständen. Aber auch in Zeiten der Verwirrung, der Verunsicherung und Orientierungslosigkeit können die Beobachtung der Bienen und die Beschäftigung mit ihnen meiner bisherigen Erfahrung nach tröstlich und beruhigend wirken.

Gesunde Produkte aus dem Bienenvolk

Über Jahrtausende ernährten sich unsere Vorfahren von den Erzeugnissen der Bienenvölker. Honig gab es genügend, das zeigt auch der übermäßige Honigmetkonsum der germanischen Völker aus geschichtlichen Überlieferungen. Auch heute gibt es noch kleine Naturvölker auf der Erde, die sich fast ausschließlich von Honig und Bienenbrot ernähren; die durchschnittliche Lebenserwartung dieser Menschen liegt oft bei 100 Jahren. Bei ihnen spricht niemand von Apitherapie oder Apimedizin – es wird so gelebt. Weltweit Hunderte von wissenschaftlichen Berichten und Studien beweisen, dass mit Bienenprodukten vielen Menschen bei über 800 verschiedenen Krankheiten geholfen werden konnte. Hier könnte man die Frage stellen, ob bei regelmäßigem Genuss von bestimmten Bienenprodukten in Kombination mit gesunder Lebensweise manche Krankheiten gar nicht erst entstehen. Als Imker hat man in der Regel alle Bienenprodukte meist im Überfluss vorrätig.

Übrigens: Imker werden im Vergleich zu Menschen aus anderen Berufssparten wesentlich älter.

Obwohl heute das Wissen über die Vorteile von Bienenprodukten vorhanden ist, werden diese viel weniger konsumiert als in früheren Zeiten. Das zeigt der durchschnittliche Honigverbrauch von nur 1,2 kg pro Person im Jahr in Deutschland. Eigentlich müssten wir aus langer Tradition heraus unsere Ernährung wieder hin zu mehr Genuss von Honig und Bienenbrot umstellen. Neben dem Honig gibt es aber noch viele andere Bienenprodukte, die wir in der täglichen Ernährung inzwischen mehr oder weniger ausgeschlossen haben. Als Imker und Apitherapieberater möchte ich Ihnen einige Bienenprodukte vorstellen, die bei regelmäßigem Genuss und Anwendung Ihr Immunsystem, aber auch Ihre Leistungsfähigkeit im täglichen Leben steigern können.

Honig

Honig wird auch als flüssiges Gold bezeichnet und ist das älteste Süßungsmittel. Bei guter Lagerung und guter Konsistenz kann Honig nicht verderben. So hat man in Pharaonengräbern jahrtausendealten, noch genießbaren Honig gefunden.
Honig ist aus vielen verschiedenen Stoffen zusammengesetzt. Dazu gehören Mineralstoffe, Lipide, Vitamine, Hormone, Enzyme, Aromastoffe, Wasser, Monosaccharide (Einfachzucker), Di- und Polysaccharide (Zweifach- und Mehrfachzucker).

Es ist nicht bekannt, dass zu viel Honigkonsum schädlich sein kann.

Der Honig unterscheidet sich bei jedem Bienenvolk einzigartig in seiner Zusammensetzung.

Propolis kann man bei vielen Krankheiten in verschiedenen aufbereiteten Formen innerlich sowie äußerlich unterstützend anwenden.

Honig liefert im Sport schnell und anhaltend Energie. Honig kann man beim Backen und zum Kochen einsetzen, aber auch als Süßgetränk ist Honig ein hervorragender Energiespender. Honig fördert auch die Wundheilung. Geben Sie einmal bei einer kleinen Schnittwunde einen Tropfen guten Honig auf die Wunde und geben ein Pflaster darauf. Sie werden sehen, wie gut die Wunde verheilt und nicht mit dem Pflaster verklebt.
Jeder Honig hat je nach Trachtart andere Eigenschaften. So kann beispielsweise bei Erkältungen Lindenblütenhonig den Krankheitsverlauf günstig beeinflussen. Oft ist die Heilwirkung der Trachtpflanze auch im Honig erkennbar. Probieren Sie aus, welcher Honig Ihnen zu welcher Tages- und Jahreszeit am besten schmeckt. Die meisten Honige schmecken süß, Honig von der Edelkastanie oder von Buchweizen schmeckt jedoch leicht bitter.

Propolis und Stockluft

Die Propolis ist ein wichtiger Bestandteil für das Immunsystem eines Bienenvolks. Die Bienen verwenden Propolis nicht nur, um Ritzen abzudichten und die Oberflächen damit zu überziehen. Denn durch ihre wasserlöslichen Eigenschaften ist Propolis auch in der Stockluft vorhanden. Ihre antivirale und antibakterielle Wirkung schützt auf engstem Raum die Bienenbrut und Tausende von Bienen vor Krankheiten. Heute beschäftigen sich verschiedene Ärzte und Politiker damit, wie man Propolis im Gesundheitswesen gegen virale Krankheiten und Krankenhauskeime einsetzen könnte. Propolis besteht aus Baumharz, aus Bienenwachs, ätherischen Ölen, Pollen und anderen Bestandteilen – darunter auch viele verschiedene Vitamine. Sie ist auch reich an verschiedenen Mineralstoffen und Spurenelementen, und Spuren von Enzymen und Aminosäuren sind ebenfalls in der Propolis enthalten.

Eigene Propolis zu ernten und zu verarbeiten, ist leicht. Hierzu gibt es viele gute Rezepte, unter anderem im Internet. Propolis kann aber auch eingeatmet werden. In einem Bienenhaus kann man zwischen dem Flugloch und der Außenwand einen Adapter anschließen, der durch ein Gitter die Stockluft in den Wohnraum lässt (Abb. 114). Das funktioniert mit dem Flügelschlag der Bienen. Denn wenn Bienen Nektar in den Bienenstock bringen, wird dieser um das Brutnest herum eingelagert, um ihn zu trocken.

Abb. 114: Der Adapter, über den mit Propolis angereicherte Stockluft in den Wohnraum gelangt.

Die mit Propolis angereicherte feuchte Luft wird von den Bienen über das Flugloch nach draußen gefächelt. Durch das Gitter gelangt nun die propolishaltige Luft in den Raum des Bienenhauses und kann eingeatmet werden, ohne dass man eine Maske aufsetzen muss und ohne die Bienen zu stören.

Bienenbrot – Perga – fermentierter Pollen

Den von ihnen gesammelten Pollen stampfen die Bienen unter Zugabe eigener Sekrete in die Wabenzellen. Dadurch kommt es zur Milchsäuregärung (Fermentierung), was den Pollen haltbar macht – ähnlich wie wir das beim Einstampfen und Einlegen von Sauerkraut tun. Verschlossen wird die Wabenzelle dann mit einer Propolisschicht. Nach der Gärung heißt das Produkt dann Bienenbrot oder Perga. Pollen und damit auch die Perga enthält viel Eiweiß aus über 20 Aminosäuren, viele Mineralstoffe, die Vitamine C und E sowie Biotin (Vitamin H) und das Flavonoid Rutin (oft als Vitamin P bezeichnet). Zudem sind noch weitere antioxidativ wirkende Flavonoide vorhanden.

Anregung

Es sollten viel mehr wissenschaftliche Studien zum Bienenbrot durchgeführt werden, damit dieses gesunde Lebensmittel bekannter wird. Fragen Sie Ihren Imker nach Bienenbrot!

Die Ernte des Bienenbrots ist aufwendig. Einfacher ist es, Bienenbrot mit Wabenhonig zu ernten und zu Wikingerhonig zu verstampfen. Dann ist das Bienenbrot mit Honig umhüllt und konserviert. Der Wikingerhonig kann mit den Wachsstücken wie Wabenhonig täglich konserviert werden.

Bienenwachs

Bienenwachs wird durch die Bienen selbst erzeugt, indem sie aus ihren Wachsdrüsen am Hinterleib kleine Wachsplättchen herauspressen („ausschwitzen") und mit ihren Mundwerkzeugen formen und verarbeiten. Bienenwachs wird heute in vielen kosmetischen Mitteln eingesetzt. Als Waben- oder Wikingerhonig kann man Bienenwachs auch essen. In der Heilkunde können beispielsweise Ohrenkerzen bei Ohrenschmerzen den Stoffwechsel und Lymphfluss um das Ohr positiv beeinflussen. Und Wachsplattenauflagen auf der Brust können bei Erkältungen und Atembeschwerden Linderung bringen.

Hausapotheke und täglicher Bedarf

Entdecken Sie noch weitere tolle Bienenprodukte und ergänzen Sie Ihre Hausapotheke und Ihren täglichen Bedarf individuell damit. In Zeiten von wechselnder viraler und bakterieller Belastung können Ihnen Bienenprodukte helfen, Ihre Abwehrkräfte zu stärken, und gegebenenfalls auch zur Genesung beitragen.

Bienen in der Bildung

Im Schlossbienengarten

Kindergartenkinder wissen heute oft mehr über Bienen als die Erwachsenengeneration. Sie können daher nach einer Führung im Bienengarten ihren Eltern zeigen, wie die Biene lebt (Abb. 115). Heute ist das Bedürfnis der Erwachsenen enorm groß, mehr über Bienen und ihre Lebensweise zu erfahren. Wer die Zusammenhänge zwischen Biene, Mensch und Natur erkennt, kann sie auch schützen. So wollen viele Menschen heute mehr beitragen, als nur ein Kreuzchen auf dem Stimmzettel im Wahllokal zu machen.

Die Faszination und das direkte Erleben eines Bienenvolks gehen vor Wissensvermittlung.

Die Mutprobe

Kindern eine mit vielen Bienen besetzte Wabe in die Hand zu geben, könnte man meinen, sei gefährlich. Ich habe jedoch festgestellt: Wenn in einer Gruppe mit 10 Kindern eines dabei ist, das sich traut, dann möchten alle anderen auch gerne die Wabe für kurze Zeit in der Hand halten. Es ist wie eine Mutprobe, und den Kindern tut es unheimlich gut, die Bienen in den Händen zu halten. Natürlich sind nicht jedes Bienenvolk und jedes Wetter dafür geeignet. Mit ein wenig Erfahrung bekommen Sie jedoch ganz schnell ein Gespür dafür. Auch bei Kindern mit körperlichen oder geistigen Einschränkungen sieht man, wie gut ihnen die Begegnung mit Bienen tut.

Abb. 115: Kinder lieben den Kontakt zu den Bienen.

Abb. 116: Der Koppelhonigraum eignet sich ideal für die Beobachtung.

Abb. 117: Detailblick durch das Kuppelglas.

Der Kuppelhonigraum

Der Kuppelhonigraum ist ideal für die Beobachtung von Bienen, ohne dass sie dadurch gestört werden (Abb. 116 und Abb. 117). Manche Kinder, aber auch einige Erwachsene haben Angst, dass sie von einer Biene gestochen werden könnten. Wenn sie dann die fleißigen Bienen hinter der Plexiglaskuppel sehen, sind sie begeistert, und die Angst ist schnell verflogen. Der Kuppelhonigraum passt auf die Bienenkugel OVOID, aber auch auf jede Magazinbeute. Gerade für Kindergärten und Schulen ist dieser Honigraum toll, weil man die einzelnen Waben herausnehmen und mit jeder Art von Honigschleuder schleudern kann.

Man kann auch eine Lupe nehmen, dann sieht man die Honigbienen vergrößert noch viel besser. Auch die Tätigkeiten

Abb. 118: Abdeckung über dem Kuppelhonigraum.

zwischen den Bienen kann man so genau verfolgen.
Es ist immer wieder interessant zu sehen, wie unterschiedlich Kinder auf Bienen reagieren. Manche werfen einen kurzen Blick auf die Bienen und haben es wie abgeknipst.
Es gibt aber einige Kinder, die können genau beobachten und beschreiben, was die einzelnen Bienen gerade machen.
Diese Kinder können sich schwer von den Bienen verabschieden.
Bienen mögen es nicht, wenn es ständig hell ist. Deshalb muss der Kuppelhonigraum in den Zeiten ohne Beobachtung mit einer Abdeckung geschützt werden (Abb. 118).

Tipp

Es wäre wünschenswert, wenn in jedem Kindergarten und jeder Schule Bienen gehalten werden würden. Mit der Biene könnte man nämlich auch viel einfacher und spannender die heimische Pflanzenwelt der Bäume, Blumen und Sträucher, aber auch der Heilpflanzen mit einbeziehen.

Land- und Forstwirtschaft

Mit Beginn der Industrialisierung um die Mitte des 19. Jahrhunderts nahmen die land- und forstwirtschaftlich genutzten Flächen kontinuierlich ab. Trotzdem stehen uns heute in Deutschland noch ca. 80 % der Landesfläche für die Nahrungs- und Holzerzeugung zur Verfügung (Abb. 119). Das sind 180.000 km² für die Landwirtschaft, oder vereinfacht ausgedrückt, eine Fläche von 424 km x 424 km. Durch den technischen Fortschritt, neue Anbaumethoden, den Einsatz von Kunstdünger und Pflanzenschutzmitteln hat sich der Ertrag auf den genutzten Flächen ständig erhöht. Es werden heute mit wenigen Landwirten viele große Flächen mit teilweise sehr schweren bodenverdichtenden Maschinen bewirtschaftet. Der Einsatz teurer Technik und der Einsatz von Erdölreserven ist hierbei enorm. Die Rentabilität in der Landwirtschaft nimmt trotz staatlicher Subventionen ständig ab, viele Höfe kämpfen ums Überleben.

Heute sehen wir,

Jeder hat die Möglichkeit, durch eine Änderung seiner Handlungsweise etwas zu bewirken.

Bodennutzungsfläche in Deutschland

Landwirtschaft 50%

Forstwirtschaft (Wald) 30%

Siedlung,Verkehr, Wasser 20%

Landwirtschaft	180.000 km²	50%
Forstwirtschaft (Wald)	106.000 km²	30%
Siedlung, Verkehr, Wasser …	71.000 km²	20%
Bodenfläche insgesamt	357.000 km²	100%

Abb. 119: Flächenverteilung in Deutschland nach Bodennutzung (Quelle: Statistisches Bundesamt 31.12.2020, Daten gerundet).

wie die Klimaerwärmung ständig zunimmt und die CO_2-Reduzierung und der Umweltschutz hohe Kosten mit sich bringen. Fast ohnmächtig erleben wir, wie das Artensterben sich nicht aufhalten lässt. Überschwemmungen kosten Menschenleben und verursachen enorme Kosten für den Wiederaufbau von Häusern und Infrastruktur.
Spezialisierung bringt Fortschritt und Effizienz. Doch manchmal werden wesentliche Dinge übersehen. Die heutige Bewirtschaftung in der Land- und Forstwirtschaft entspricht den gesellschaftlichen Bedürfnissen. Wer legt aber die gesellschaftlichen Bedürfnisse fest? In meiner Analyse möchte ich keinen Schuldigen ausfindig machen, sondern mögliche Ursachen für unsere heutige Situation mit möglichst genauen Zahlen belegen, um dann aufzuzeigen, wie eine Erhöhung des Ertrags in der Land- und Forstwirtschaft nachhaltig möglich ist. Jedoch sind wir alle in Stadt und Land gefordert, aktiv mitzumachen.

Landwirtschaft

Mit dem Blick aus der Vogel-/Bienenperspektive könnte man meinen, da unten ist alles in Ordnung (Abb. 120).
In einer Kulturlandschaft sieht alles geordnet aus, alles ist aufgeräumt; man sieht, die einzelnen Flächen sind auf Ertrag angelegt. Wenn man aber genauer hinschaut, fragt man sich: Von was leben die wildlebenden Tiere und wo sind deren natürliche Habitate? Eine natürliche Pflanzenvielfalt passt hier nicht in dieses Konzept.

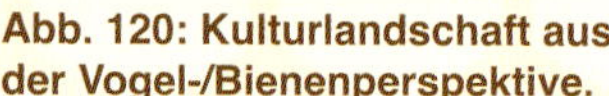

Abb. 120: Kulturlandschaft aus der Vogel-/Bienenperspektive.

Nutzung der landwirtschaftlichen Fläche nach Kulturart

Der Landwirtschaft stehen heute ca. 180.000 km² Fläche für den Anbau von Kulturpflanzen zur Verfügung. An einigen Beispielen möchte ich zeigen, wie heute der Großteil dieser Kulturen in der Fläche genutzt wird und welcher enorme Energieaufwand notwendig ist, um unsere Lebensmittelversorgung aufrechterhalten zu können. In der öffentlichen Diskussion wird immer wieder bekundet, wie wichtig die Biene für die Bestäubung in der Landwirtschaft ist. Aber wie sieht es flächenbezogen tatsächlich aus?

Abb. 121: Aufschlüsselung der landwirtschaftlichen Flächen nach einzelnen Kulturpflanzen. (Quelle: Statistisches Bundesamt 31.12.2020, Daten gerundet)

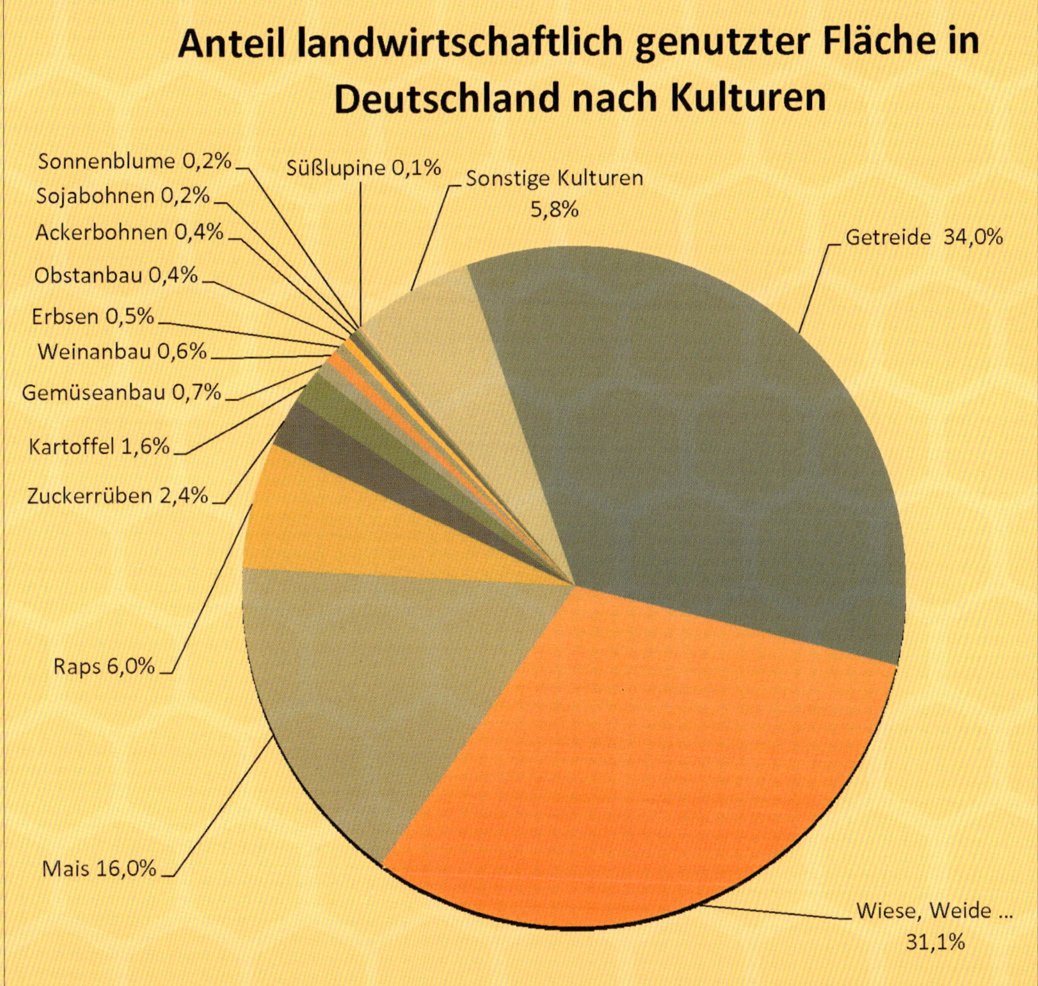

Nektar- und Pollenangebot für die Insekten in den einzelnen Kulturarten

Egal ob für Bienen oder andere Insekten, das Nektar- und Pollenangebot in der Landwirtschaft ist bei der Betrachtung der Hauptfeldfrüchte sehr reduziert oder größtenteils gar nicht vorhanden (Tab. 6). Ähnlich wie im Wald werden auf ca. 90 % der landwirtschaftlichen Flächen Kulturen angebaut, die keinen Bestäuber brauchen (Abb. 121). Die angebauten Getreidearten sind Selbstbestäuber, und so gibt es auf den meisten Ackerflächen in Deutschland kein Nahrungsangebot für Insekten.

Die meisten der sogenannten Unkräuter sind die besten Bienenweiden, werden aber mit Pestiziden im Wachstum gehindert. Um das Jahr 1930 war in Getreidefeldern noch häufig die Kornblume vertreten, und mit ihr haben die Imker damals den meisten Honig geerntet. Heute gilt die Kornblume als ausgerottet. Viele Distelarten blühen im Juli und August. Leider müssen im Juli und August die Bienen oft schon mit Zucker eingefüttert werden, weil sie nicht mehr genug Pollen und Nektar als Nahrung finden. Die Honigbiene wird vom Imker gefüttert, aber um die Versorgung der rund 550 Arten von Wildbienen kümmert sich niemand.

Viele Wiesen und Weiden sind mit Gülle gedüngt. Ehemalige Magerwiesen verlieren dadurch ihre Vielfalt an wilden Blühpflanzen. Durch das 5- bis 7-malige Mähen der Wiesen kommen viele Blumen gar nicht erst zur Blüte. Bienen fliegen manchmal, wenn gar nichts mehr blüht, den Mais an, um seinen Pollen zu holen. Mais liefert aber keinen Nektar und zählt nicht zu den Bienentrachtpflanzen. Der Raps ist ein guter Nektar- und Pollenlieferant. Bei manchen Hybridzüchtungen können aber kaum Nektar und Pollen geerntet werden. Beim Zuckerrübenanbau und beim Kartoffelanbau sind auch keine Insekten als Bestäuber notwendig. Die Flächen für den Gemüseanbau sind relativ klein; die vielen unterschiedlichen Pflanzen werden unterschiedlich bestäubt. Für den Erdbeeren-, Tomaten- und Obstanbau werden auch gezüchtete Hummeln einmalig im Jahr für die Bestäubung eingesetzt. Obwohl man weiß, dass eine geplante Bestäubung von Ackerbohnen, Sojabohnen, Sonnenblumen, Buchweizen und Süßlupinen Mehrerträge generieren kann, ist dies mit der heutigen imkerlichen Praxis sehr aufwendig.

Neue ertragreiche Bestäubungssysteme, aber auch eine Änderung des Kulturpflanzenanbaus sind dringend erforderlich.

Getreideanbau

Der Getreideanbau (Weizen, Gerste, Hafer…) erfolgt größtenteils in Monokulturen. Durch die Klimaerwärmung und die zunehmend heißen Sommer sinken die Erträge in manchen Gebieten. Auf dem Bild sehen Sie ein Weizenfeld, soweit das Auge reicht (Abb. 122 und Abb. 123). Große Flächen werden mit einem enormen Einsatz von Pflanzenschutzmitteln, Dünger und Pflegeaufwand bewirtschaftet. Die Flächen zu pflügen, säen, düngen, spritzen und ernten, geht nur mit einem hohen

Abb. 122: Angesätes Getreidefeld in ausgedehnter Monokultur.

Abb. 123: Getreide in Monokultur.

Tab. 6: Vergleich von Nektar- und Pollenangebot bei den landwirtschaftlichen Hauptkulturen im Acker- und Gemüsebau (Quelle: Statistisches Bundesamt 31.12.2020, Daten gerundet).

	Fläche in km²	Flächenanteil	Bestäubung	Nektarangebot	Pollenangebot
	in %				
Getreide	56.000	33,7	Selbstbestäuber	nein	nein
Wiese, Weide	52.000	31,3	Wind, Insekten	teilweise	teilweise
Mais	27.000	16,3	Wind	nein	schlecht
Raps	9.600	5,8	Insekten, Wind	sehr gut, bei Hybriden schlecht	sehr gut, bei Hybriden schlecht
Zuckerrüben	3.900	2,3	nein	nein	nein
Kartoffel	2.700	1,6	Selbstbestäuber	nein	nein
Gemüseanbau	1.260	0,7	Insekten, Wind, Selbstbestäuber	teilwcise	teilweise
Weinanbau	1.031	0,6	Selbstbestäuber	teilweise	teilweise
Erbsen	820	0,5	Selbstbestäuber	teilweise	teilweise
Obstanbau	750	0,4	Insekten	sehr gut	sehr gut
Ackerbohnen	590	0,4	Insekten, Wind	teilweise	teilweise
Sojabohnen	330	0,2	Insekten, Wind	gut, bei Hybriden schlecht	gut, bei Hybriden schlecht
Sonnenblume	250	0,2	Insekten	gut, bei Hybriden schlecht	gut, bei Hybriden schlecht
Süßlupine	210	0,1	Insekten, Wind	gut	gut
Sonstige Kulturen	9559	5,8	teilweise	teilweise	teilweise
Gesamte Landwirtschaft	166.000	100			

Abb. 124: Die großen Maschinen in der Landwirtschaft haben einen hohen Energieverbrauch.

Energieverbrauch. Traktoren und Mähdrescher verbrauchen im Durchschnitt ca. 110 Liter Diesel/ha (Abb. 124). Bei 60.600 km² Getreideanbau in Deutschland ergibt das in Summe 616 Millionen Liter Diesel. Auch für die Herstellung von Kunstdünger ist viel Energie notwendig. Beim Bio- sowie beim konventionellen Anbau von Mais, Raps und Zuckerrüben wird ein ähnlicher Energieaufwand wie beim Getreideanbau erforderlich.

Getreideverbrauchsanteil und Ertrag

Für den direkten menschlichen Verzehr werden nur ca. 33 % der Gesamtfläche des Getreideanbaus benötigt (Abb. 125). Der größere Anteil von ca. 45 % wird zu Tierfutter. Die Industrie benötigt für verschiedene Herstellungsarten zudem ca. 12 % der Fläche. 6 % der Fläche werden für die Bioethanol-Herstellung verwendet, das beim Tanken von Benzin beigemischt wird. 2 % gehen auf die zentrale Saatguterzeugung.
Der durchschnittliche Ernteertrag liegt bei ca. 7 t/Hektar angebautem Getreide (Tab. 7). Bei einem sehr schwankenden Getreidepreis von ca. 300 €/Tonne ergibt das einen Ertrag von 2100 €/Hektar. Hier müssen noch der Aufwand für Anbau, Pflege, Ernte, die Dünger- und die Spritzmittelkosten (Fungizide, Pestizide) abgezogen werden. Für den Landwirt bleibt

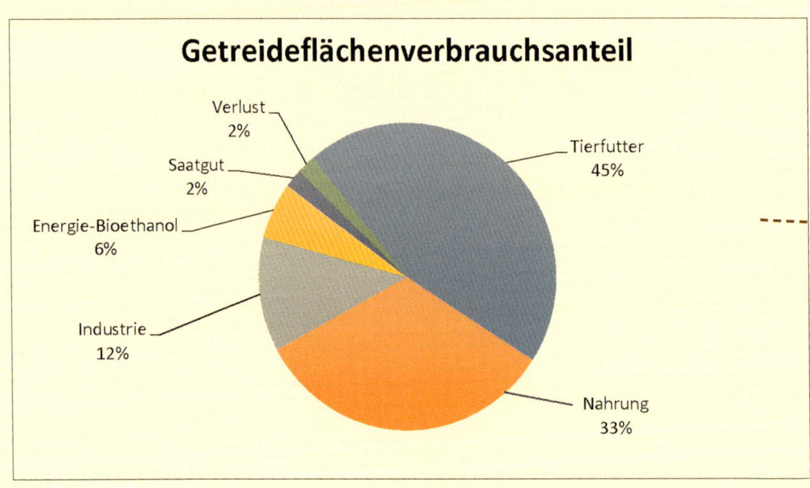

Abb. 125: Flächenanteil beim Getreideanbau für die jeweiligen Verwendungszwecke.

Tab. 7: Kosten und Erträge im Getreideanbau (Quelle: Statistisches Bundesamt 31.12.2020, Daten gerundet).

2020 in Deutschland	Ertrag in t	Ertrag in €	Dieselverbrauch
Ertrag/Hektar	7 t	2100 € (ca. 300 €/t)	110 Liter /ha
Gesamtertrag/Verbrauch	39 Mill. Tonnen		616 Millionen Liter

somit nicht viel übrig. Vergleichen Sie einmal den Ertrag/Hektar mit dem Preis von Mehl, das Sie im Supermarkt kaufen!

Nutztierhaltung

Schwein und Rind sind die wichtigsten Nutztierarten in der Landwirtschaft, heißt es. An dritter Stelle wird dann die Honigbiene erwähnt. Ca. 44 % der gesamten landwirtschaftlichen Fläche belegt die Futtererzeugung für die Schweine- und Rinderhaltung. In Deutschland werden im Jahr ca. 53 Millionen Schweine geschlachtet; das entspricht ca. 5,1 Millionen Tonnen Fleisch. 2,1 Millionen Tonnen Milch gehen in den Export in andere Länder. Für die Fütterung der Tiere werden ca. 3,8 Millionen Tonnen an Soja importiert.
Der größte Anteil stammt aus den USA und ist genmanipuliert. 2,3 Millionen Tonnen

Die Biene als Leittier (Schlüsseltier) kann uns vielleicht den Weg aus der Misere in der Landwirtschaft zeigen.

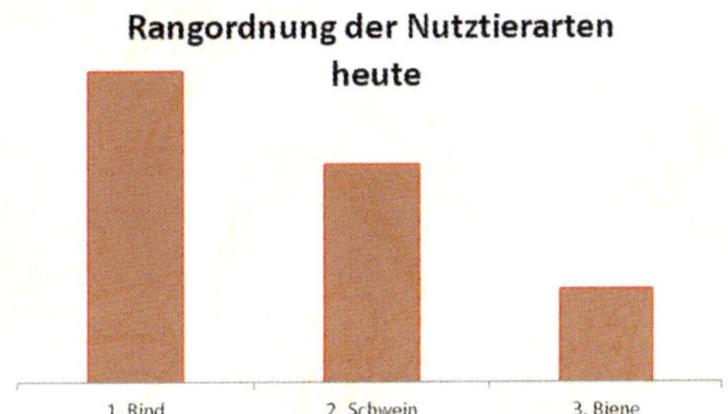

Abb. 125-1: Wichtigkeit der Nutztierarten (Quelle: https://www.bmuv.de/rede/rede-von-rita-schwarzeluehr-sutter-beim-5-zukunftsdialog-agrar-ernaehrung).

Schweinefleisch werden im Jahr exportiert. Die Gülle und Fäkalien belasten in besonderem Maße die Böden und Gewässer. Landwirte, Politiker und Umweltverbände suchen nach Lösungen für den Erhalt unserer Schöpfung.

Fleischkonsum und Produktion/Kopf

Durch die Änderung der Ernährungsgewohnheiten nimmt der Fleischbedarf in der Bevölkerung kontinuierlich ab. Es herrscht jedoch derzeit ein Überangebot auf dem

Abb. 126: Konsum und Produktion von Fleisch in Deutschland im Jahr 2020. (Quelle: Statistisches Bundesamt 31.12.2020, Daten gerundet)

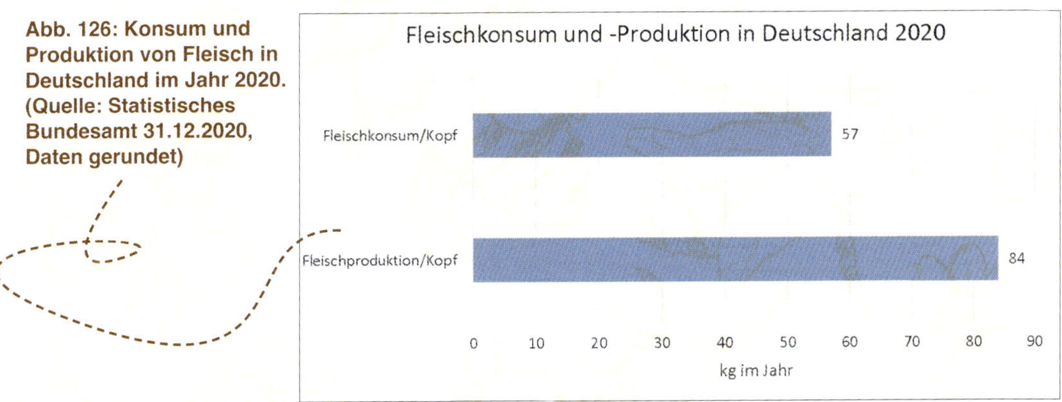

Fleischmarkt. Dieses Überangebot führt mit zu niedrigen Preisen im Handel. Der durchschnittliche Fleischkonsum beträgt je Einwohner 57 kg im Jahr (Abb. 126). Die Fleischproduktion/Kopf beträgt aber ca. 84 kg. Der Überschuss wird exportiert.

Zuckerrübenanbau und Zuckererzeugung

Die 379.000 ha mit Zuckerrüben angebauten Flächen in Deutschland liefern ca. 26 Millionen Tonnen Zuckerrüben. Der Zuckergehalt in der Zuckerrübe beträgt im Durchschnitt 18 %. Durch einen Raffinierungsprozess, bei dem viel Wasser, Energie und große Anlagen benötigt werden, produziert man in Deutschland ca. 4,8 Millionen Tonnen Zucker, ca. 0,7 Millionen Tonnen davon werden exportiert. Dabei beträgt der Dieselverbrauch auf dem Feld für Traktoren und Erntemaschinen umgerechnet auf die Tonne Zucker ca. 70 Liter. In der Zuckerfabrik werden dann nochmals ca. 230 Liter Heizöl/Tonne benötigt. Das bedeutet, dass für die Herstellung von 1000 kg Zucker ca. 300 Liter Diesel (Heizöl) verbraucht werden (Abb. 127). In Summe sind das ca. 1100 Millionen Liter Diesel (Heizöl) für die gesamte Zuckerproduktion.
Ökologisch gesehen verschwendet die Honigerzeugung durch die Biene keine Ressourcen, sondern bringt einen enormen nachhaltigen Mehrwert. Aber ist das überhaupt flächendeckend möglich?

Zucker- und Honigverbrauch

Bis vor ca. 200 Jahren hatten wir nur Honig als Süßungsmittel zur Verfügung. Mit dem Import von Rohrzucker und der Entdeckung des Zuckergehalts in der Zuckerrübe sind der Zuckeranbau und die -verarbeitung forciert und staatlich gefördert worden. Zucker galt lange Zeit als gesundes Lebensmittel und guter Energie-

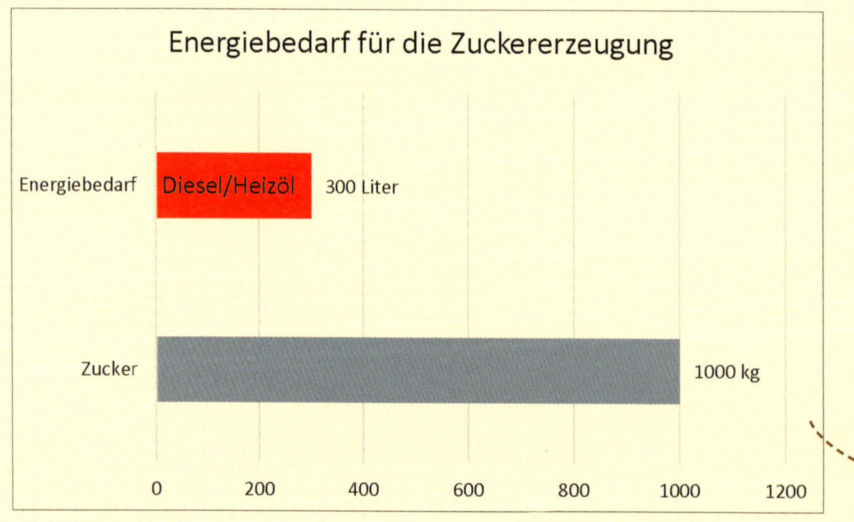

Abb. 127: Die Zuckerherstellung in Deutschland ist mit einem hohen Energieaufwand verbunden (Quelle: Statistisches Bundesamt 31.12.2020, Daten gerundet).

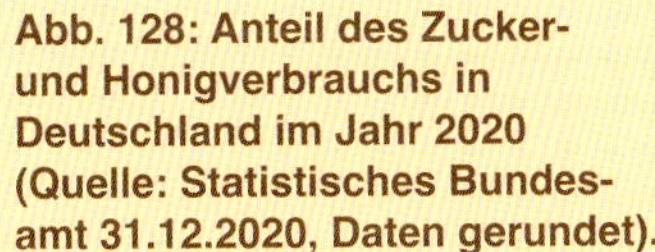

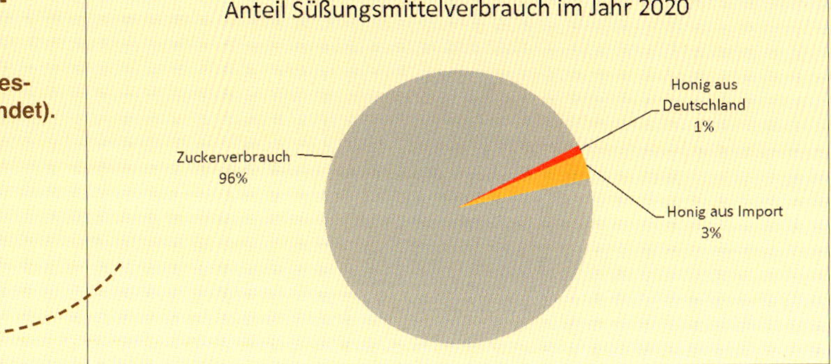

Abb. 128: Anteil des Zucker- und Honigverbrauchs in Deutschland im Jahr 2020 (Quelle: Statistisches Bundesamt 31.12.2020, Daten gerundet).

Tab. 8: Anteil des Zucker- und Honigverbrauchs in Deutschland im Jahr 2020 (Quelle: Statistisches Bundesamt 31.12.2020, Daten gerundet, Deutscher Imkerbund).

Jahr 2020	in kg	Anteil in %
Zuckerverbrauch gesamt	4.083.400.000 kg	96 %
Honig aus Deutschland	25.000.000 kg	1 %
Honig aus Import	75.000.000 kg	3 %

lieferant für uns Menschen. Heute ist in den meisten Lebensmitteln Zucker enthalten. Der Honig geriet damit immer mehr in den Hintergrund (Abb. 128 und Tab. 8). Heute weiß jeder, dass übermäßiger Zuckerkonsum krank macht; das bestätigen auch viele wissenschaftliche Studien. Trotzdem werden in Deutschland ca. 35 kg Zucker pro Person im Jahr konsumiert (Abb. 129). Viele Ärzte, Ernährungsberater, aber auch Politiker suchen nach Lösungen, den Zuckerkonsum in der Bevölkerung zu reduzieren. Der Honigverzehr dagegen liegt bei nur 1,2 kg im Jahr.

Viele Studien belegen: Honig ist gesund und kann manchmal auch bei verschiedenen Krankheiten helfen. Jedoch nicht nur wir Menschen brauchen Zucker, sondern auch die Bienen.

In Deutschland werden ca. 800.000 Bienenvölker gehalten. Jedes Bienenvolk wird aber im Durchschnitt mit 25 kg Zucker im Jahr gefüttert. In manchen Jahren fällt der Honigertrag wegen fehlender Nahrungsquellen (Tracht) und schlechtem Wetter ganz aus. Der Imker hat aber trotzdem die Kosten und die Arbeit für die Bienenvölker.

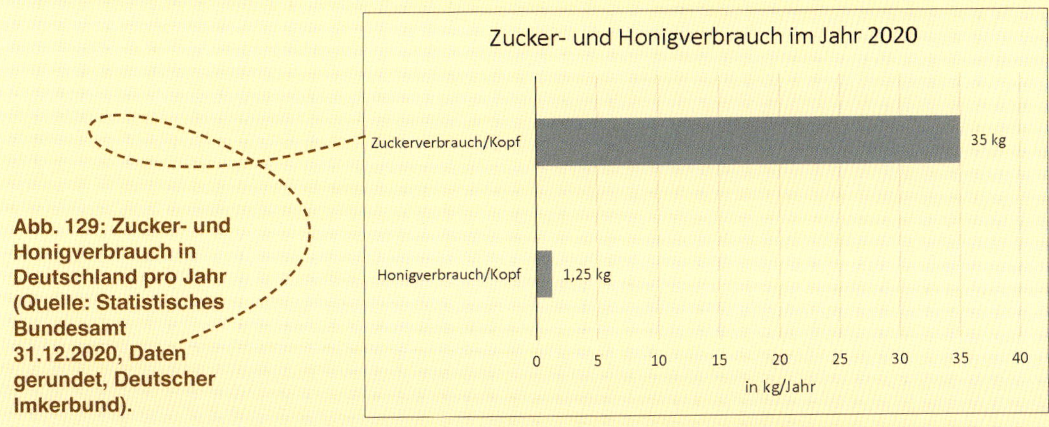

Abb. 129: Zucker- und Honigverbrauch in Deutschland pro Jahr (Quelle: Statistisches Bundesamt 31.12.2020, Daten gerundet, Deutscher Imkerbund).

Rapsanbau

In einer intakten Natur gibt es keine Monokulturen, sondern Vielfalt und geschlossene Kreisläufe.

In Deutschland werden ca. 960.000 Hektar Raps jährlich angebaut (Abb. 130). Der Ertrag an Rapssamen beträgt ca. 3 Millionen Tonnen, daraus werden bei einer Ausbeute (Ölgehalt) von ca. 43% ungefähr 1300 Millionen Liter Rapsöl gewonnen. Die Pflanzenölherstellung wird in Deutschland von ca. 50 dezentralen Ölmühlen durchgeführt. Der Presskuchen wird als Tierfutter verwendet. Der größte Teil des Rapsöls geht in die Weiterverarbeitung zu Biokraftstoffen, ca. 10% gehen in die Nahrungsmittelindustrie.

Wie bei jeder Monokultur treten auch beim großflächigen Rapsanbau vermehrt Schädlinge und Krankheiten auf. Weil auf einer großen Fläche ausschließlich die gleichen Pflanzen wachsen, besteht ein einheitlicher Nährstoffbedarf, und dieser muss entsprechend mit künstlichem Dünger nachgeliefert werden, um das Wachstum der Pflanzen zu unterstützen.

Für den Rapsglanzkäfer z. B. ist ein blühendes Rapsfeld ein wahres Paradies, und es begünstigt ihn, sich unnatürlich stark vermehren zu können. Das große Nektarangebot fördert damit eine hohe Rapsglanzkäferpopulation. Um einen guten Ertrag zu erreichen, muss der Landwirt Schädlingsbekämpfungsmittel (Insektizide) einsetzen. Hier ergibt sich der erste Konflikt zu den

Mit der Bestäubung der Rapsblüte durch die Honigbiene steigt die Qualität des Ernteguts um 1–2% im Ölgehalt.

Abb. 130: Rapsfeld.

Bienen. Denn wenn das Insektenbekämpfungsmittel während der Flugstunden der Insekten ausgebracht wird, sterben nicht nur die Rapsglanzkäfer, sondern auch die Honigbienen und andere Insekten.

Schädlingsschutz der Rapspflanze durch Mehrertrag mit der Biene

Die Honigbiene ist zwar nicht der natürliche Feind des Rapsglanzkäfers, jedoch haben beide dasselbe Ziel: möglichst viel Nektar sammeln bzw. fressen und so die eigene Art erhalten und vermehren. Aus verschiedenen Studien ist bekannt, dass die Honigbiene von einem hektargroßen Rapsfeld ca. 200–240 kg Honig sammeln kann. Bei einer geplanten Bestäubung mit der Aufstellung von 10–15 Bienenvölkern kann somit die Honigbiene dem Rapsglanzkäfer die Nahrungsquelle verringern. So kann der Rapsglanzkäfer keinen großen Schaden mehr anrichten und in Folge der Ertrag auf dem Feld um ca. 30 % steigen.

Frostschutz der Rapsblüte durch die Biene

Ein weiterer Nutzen durch die Bestäubung der Honigbiene ist der Frostschutz. Stellen Sie sich vor, auf einem Rapsfeld stehen

Abb. 131: Rapsanbau.

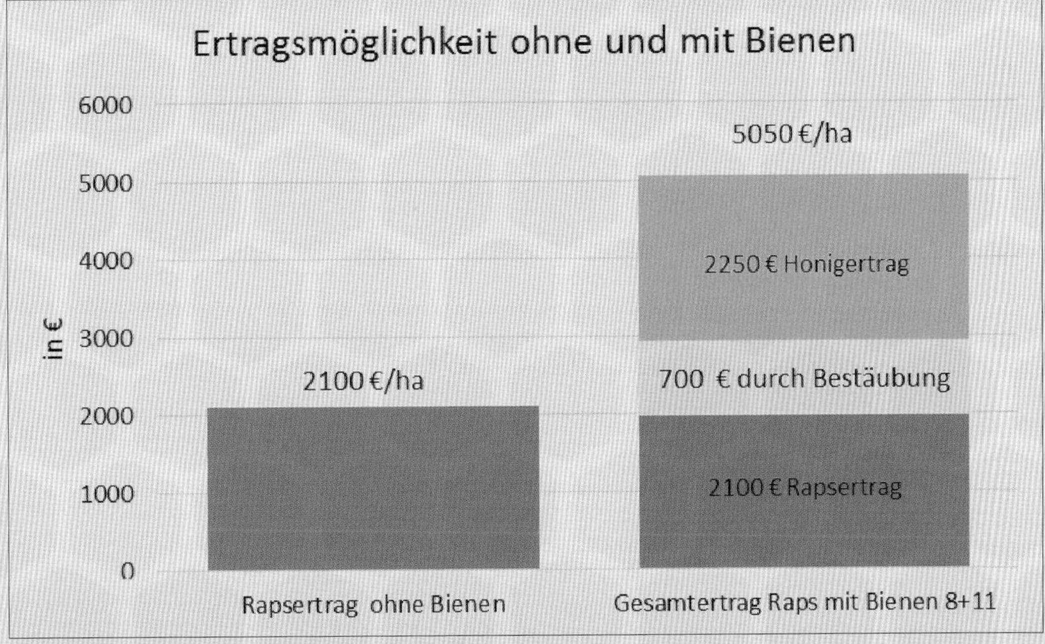

dezentral ca. 10–15 Bienenvölker. Die Bienen sammeln den Nektar tagsüber. In der Nacht kann es im Mai zur Blütezeit des Raps zu Spätfrösten (die sogenannten „Eisheiligen") kommen. Nektar ist zuckerhaltiges Wasser, das gefrieren kann. Dabei kann die Blüte Schaden nehmen. Wenn aber die Honigbiene tagsüber den flüssigen Nektar abgesammelt hat, kann in der Nacht der Frost weniger Schaden anrichten. Das bedeutet, dass durch eine geplante Bestäubung ein Rapsfeld mit Bienen eventuell bis zu einem bestimmten Grad vor Frost geschützt werden kann. Vielleicht wäre es noch effizienter, bei der Pflanzenzüchtung für neue Sorten bereits die Honigbiene mit einzubeziehen. Viele Imker bestätigen, dass die Bienen von der Bienenkugel am Morgen früher aus dem Bienenstock fliegen als die Bienen aus den Magazinbeuten. Es bleibt weiter zu beobachten, wie sich dies auf die gesamte Bestäubung auswirkt. Eine dezentrale Bienenaufstellung kann sich hier zusätzlich positiv auswirken.

Das in Abbildung 131 und in der tabellarischen Kalkulation dargestellte Rechenmodell kann im Moment nicht funktionieren, da Bienen sowohl vor als auch nach der Rapsblüte ein Nahrungsangebot brauchen. Wenn der Raps Ende Mai/Anfang Juni verblüht ist, fehlt auf dem Land in der Regel ein weiteres Nahrungsangebot für die Bienen. Hier sind mit einer einfachen Bienenhaltung neue Abstimmungen und eine Kooperation zwischen dem Landwirt und dem Imker möglich.

Der Landwirt hat es in der Hand, welche Fruchtart nach der Rapsblüte zum Wohle der Bienen blüht.

Vereinfachtes Rechenmodell – Rapsanbau ohne und mit Bienen

	Rapsanbau bezogen auf Hektar (10.000 m²)		ca. Kosten/Erträge	ca. in Euro
1	**Sachkosten Rapsanbau**			1.370 €
	(Maschinen, Geräte, Saatgut, Dünger, Pflanzenschutz)			
2	Arbeitskosten			80 €
3	**Gesamtkosten Sach- und Arbeitskosten 1+2**			**1.450 €**
4	Summe Sachkosten 15 Bienenvölker			200 €
5	Arbeitskosten bei 15 Bienenvölkern			500 €
6	**Gesamtkosten Bienenhaltung 4+5**			**700 €**
7	Gesamtkosten Rapsanbau und Bienenhaltung 3+6			**2.150 €**
8	**Rapsertrag ohne Bienen**	3,0 t	700 €/t	**2.100 €**
9	30 % Mehrertrag an Raps durch geplante Bestäubung	1,0 t	700 €/t	700 €
10	Honigertrag (10 €/kg) 15 kg je Bienenvolk	225 kg	10 €/kg	2.250 €
11	**Summe Ertrag mit Bienen 9+10**			**2.950 €**
12	**Gesamtertrag Raps mit Bienen 8+11**			**5.050 €**
13	**Rendite = (Rapsanbau ohne Bienen) 8-3**			**650 €**
14	**Rendite = (Rapsanbau mit Bienen) 13-7**			**2.900 €**

www.pixabay.com,lhannemann

Abb. 132: Bewusst angelegter Blühstreifen am Feldrand.

Blühstreifen sind der Einstieg in die Bienenhaltung

Heute werden mit staatlicher Förderung vermehrt Blühstreifen an Feldern angelegt mit dem Erfolg, dass dort wieder Insekten, Schmetterlinge und Wildbienen vorkommen, die man vorher jahrelang nicht mehr in diesem Gebiet gesehen hat (Abb. 132). Manche Arten bleiben aber verschwunden. Hier stellt sich die Frage, ob durch einen Dauerblühstreifen über viele Jahre die frühere Artenvielfalt wiederhergestellt werden kann.

Was ist jedoch, wenn die staatlichen Zuschüsse für solche Maßnahmen für den Landwirt wegfallen? Der Landwirt ist ja darauf angewiesen, möglichst viel Fläche mit Kulturpflanzen zu bestellen. Vereinzelt berichten Landwirte, die noch selber Bienen halten, dass ihr Honigertrag durch solche Maßnahmen steigt. Für Landwirte, die keine Bienen halten, könnte sich der Versuch lohnen, einen zusätzlichen Ertrag mit einer einfachen Bienenhaltung zu erwirtschaften. Die Ernte und die Vermarktung des Honigs könnten auch in Abstimmung mit einem Imker erfolgen.

Mehrfruchtanbau und Samentrennung

Seit vielen Jahren baut man im Biolandbau bereits Mischkulturen an. Dabei sät man zwei oder mehrere Sorten von Feldfrüchten und erntet diese auch in der Regel gemeinsam. Meistens handelt es sich dabei um Getreidearten mit verschiedenen Ölsaatfrüchten. Die Ölfrüchte sind in der Blüte meistens auch gute Nektarlieferanten für die Honig- und Wildbiene. Der mögliche Honigertrag durch die Honigbiene wird bei der Auswahl und Zusammenstellung der Mischfrüchte bisher jedoch nicht mit eingeplant.

Beim Mehrfruchtanbau (Mischfruchtanbau) werden Pflanzen mit unterschiedlichen Wurzelsystemen als Flach- und Tiefwurzler (Pfahlwurzler) gesät; dadurch wird auch der Boden unterschiedlich beansprucht und genutzt.

Flachwurzler holen sich das Wasser und die Mineralien von der oberen Erdschicht. Tiefwurzler dringen oft 20–50 cm in die Erde ein und holen sich von dort das Wasser und die Mineralien. Das hat den Vorteil gegenüber einer Monokultur, dass die Bereiche im Boden nicht einseitig beansprucht werden. Dadurch sinkt der Düngeraufwand oder entfällt sogar ganz, und bei Trockenheit können alle Pflanzen besser überleben. Schädlinge werden im Zaum gehalten, weil für sie kein übermäßiges einseitiges Nahrungsangebot gegeben ist. Auf einen Einsatz von Pflanzenschutzmitteln kann daher oft verzichtet werden. Ein Nachteil ist, dass bei der Ernte die unterschiedlichen Samenkörner voneinander getrennt werden müssen. Dies kann mechanisch oder optisch geschehen. Bei der mechanischen Trennung werden die einzelnen Samenkörner mit Sieben unterschiedlicher Maschenweite voneinander getrennt. Heute sind aber auch schon optische Samentrennanlagen im Einsatz, die mithilfe von Kameras und Bildanalysesystemen die Samenkörner anhand ihrer Größe und Farbe erkennen. Eine Blaseinheit bläst dann jedes Samenkorn in die richtige Kammer. Moderne Anlagen können so etwa 200 unterschiedliche Arten von Pflanzensamen trennen. Die Kapazität von solchen optischen Trennanlagen reicht von 300 kg bis 8 Tonnen in der Stunde.

Aufgrund der teuren Samentrennanlagen verringert so eine optische Samentrennung allerdings den Gesamtertrag um rund 10–20%. Damit sind die Erträge im Vergleich von Monokulturanbau zu Mischkulturanbau in etwa gleich groß. Eine Samentrennmaschine steht auch nicht überall zur Verfügung. Laut Aussagen von führenden Landmaschinenherstellern könnte bei vermehrter Nachfrage eine Samenkorntrennung direkt im Mähdrescher entwickelt und eingesetzt werden. Allerdings ist der Mischfruchtanteil in der Landwirtschaft derzeit dafür noch zu gering.

Eine geplante Einbeziehung der Honigbiene in den Mischfruchtanbau brächte sowohl ökologisch als auch ökonomisch enorme Vorteile, und die Kosten für die Samentrennung wären nicht mehr relevant.

Beispielkombinationen weg von der Monokultur

Getreide und Leindotter

Leindotter *(Camelina sativa)* wird seit rund 20 Jahren mit verschiedenen Getreide- und anderen Feldfruchtarten im Mehrfruchtanbau eingesetzt. Ein Hektar liefert an Ertrag ca. 4 Tonnen Weizen und ca. 300 kg Leindotter.
Aus dem Leindotter lässt sich hochwertiges Öl mit hohen Anteilen von Omega-3-Fettsäuren herstellen. Der Ölanteil in den Leindottersamen beträgt etwa 40%. Würde man geplant Bienenvölker im Feld aufstellen, könnte man mit einem Zusatzertrag an Honig von 150–250 kg rechnen.

Die Kornblume – (k)ein Unkraut

Die Kornblume *(Centaurea cyanus)* gilt heute als beinahe ausgerottet. Die letzten Jahrzehnte mit intensivem Pestizideinsatz in der Landwirtschaft haben ihr Wachstum und Blühen verhindert (Abb. 133). Die Freude für die Vorbeifahrenden – ob mit dem Fahrrad oder Auto – ist groß, wenn sie so ein Getreidefeld mit Kornblumenbestand z. B. in Oberbayern sehen können (Abb. 134). Noch um 1930 waren in jedem Getreidefeld auch Kornblumen vertreten. Die Kornblume blüht meistens von Juli bis August und sie ist zudem ein guter Pollenlieferant. Es gibt Berichte von Imkern, dass sie damals am meisten Honig von den Kornblumen gewonnen haben. Es wäre wünschenswert, wenn diese Pflanze wieder als Nutzpflanze in der Landwirtschaft eingesetzt werden würde.

Denkanstoß 

Es stellt sich die Frage, ob unsere heutige Landnutzung mit Monokulturen die effizienteste Methode ist.
Wie können wir Honig und Pollen als zusätzlichen Ernährungsbeitrag und Erntewert einordnen?
Wie könnte eine geplante Bienenhaltung in der Landwirtschaft aussehen?

Abb. 133: Moderne Landwirtschaft aus der Vogelperspektive.

Abb. 134: Blühende Kornblumen in einem Getreidefeld in Oberbayern.

Trachtangebot und imkerliche Praxis

In der Geschichte der Biene und der Bienenhaltung war immer ein Überangebot an Nektar und Pollen für die Biene und genügend Honig für uns Menschen vorhanden. Dr. Wolfgang Thäter berichtet in seinem Buch „Das Zeidlerwesen", dass im 15. Jahrhundert 77 Bienenvölker pro Quadratkilometer im Raum Nürnberg gehalten wurden. Daraus kann man schließen, dass ein sehr großes natürliches Trachtangebot vorhanden sein musste. Das Modell (Bild 133-1) soll qualitativ zeigen, wie das Verhältnis zwischen Bienenhaltung und Trachtangebot damals war. Durch Schaffung von künstlichen Baumhöhlen vermehrten sich die Bienen durch natürliches Schwärmen. Ohne Zuckerfütterung konnten Honig und Bienenwachs aus den Bienenvölkern geerntet werden.

Seit ca. 100 Jahren versucht die Imkerschaft dem ständig sinkenden Trachtangebot mit unterschiedlichen imkerlichen Methoden entgegenzuwirken. In Bild 133-2 habe ich versucht darzustellen, welcher große Aufwand heute in der Imkerei notwendig ist, um Honig ernten zu können. Um möglichst viel Honig zu ernten, wird durch Ausbrechen der Königinbrutzelle verhindert, dass die Bienen schwärmen können. So erhält man möglichst viele Bienen, die dann den Frühjahrsblütenhonig entsprechend der vorhandenen Tracht erzeugen können. Nach der Honigernte muss im Juni dann meistens wegen Trachtmangel Zucker gefüttert werden. Eine Studie von Mirjanic et al. (2013) zeigt auf, dass durch Zuckerfütterung die Lebenserwartung der Bienen reduziert wird. Siehe auch www.bienendialoge.de von Sidrun Mittl. Aufwendig ist es auch für Imker, die mit ihren Bienen noch in vorhandene Trachtgebiete wandern. Im August muss dann wieder für die Nahrung im Winter zugefüttert werden. Auch mit der Zucht von Königinnen wird erreicht, die Population im Bienenvolk zu erhöhen, um damit den Honigertrag zu erhöhen. („Biene und Bienenzucht" von Büdel-Herold.)

Abb. 133-1: Qualitative Modelldarstellung historisch.

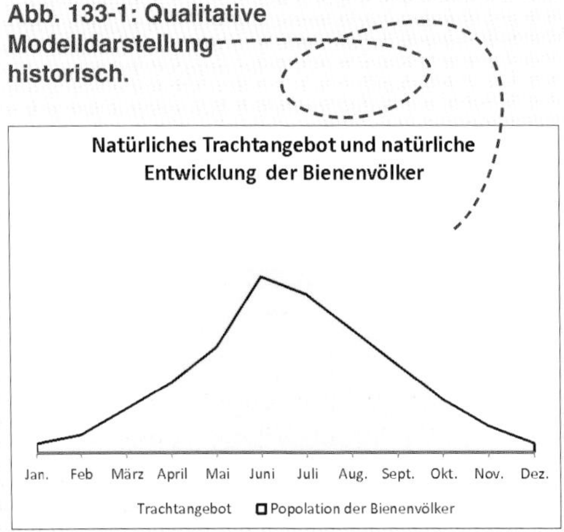

Abb. 133-2: Qualitative Modelldarstellung heute.

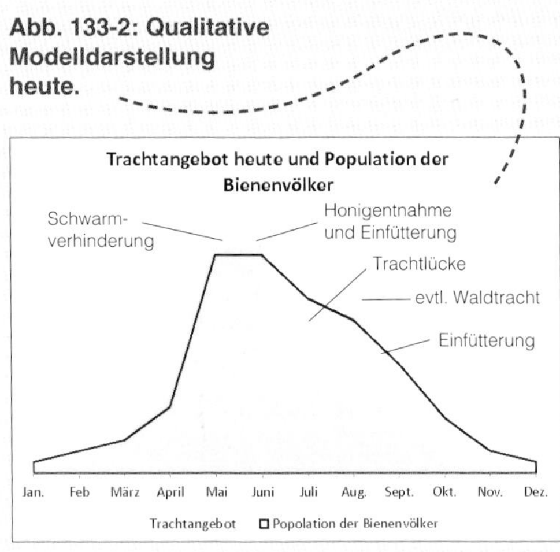

Bienenhaltung ist schöner als Schweinehaltung

Früher war es üblich, auf einem landwirtschaftlichen Betrieb auch Bienen zu halten. Daher stammt auch der Spruch: „Bienen und Schaf ernähren den Bauern im Schlaf."
Heutzutage ist der Wettbewerbsdruck in der Landwirtschaft enorm. Viele landwirtschaftliche Erzeugnisse unterliegen dem Welthandelspreis, und die Konkurrenz mit großen Agrarfabriken ist groß, die Erlöse sind dementsprechend niedrig. Deshalb werden mittlerweile auch viele Betriebe nur im Nebenerwerb geführt. Viele Landwirte suchen nach Alternativen. Einige entdecken dabei die Bienenhaltung und stellen fest, dass Bienenhaltung schöner als Schweinehaltung ist. Hier stehen wir erst am Anfang einer interessanten Entwicklung.

AGRITECHNICA 2017

Bienenhaltung ist Teil der Landwirtschaft! Also gehören Bienen auch auf die weltweit größte Agrarmesse. Mit gemischten Gefühlen plante unser Team 2017 unseren Stand für die AGRITECHNICA in Hannover (Abb. 135). Als erster Stand für Imkerbedarf auf der Messe waren wir auf die Resonanz der Besucher gespannt. In der großen „Spritzmittelhalle" hatte niemand Bienen erwartet. In den sieben Messetagen war unser Stand von morgens nach Öffnung der Messe bis abends von interessierten Besuchern aus der ganzen Welt umlagert.
Zusammengefasst haben die großen Farmer in Amerika, China, Kanada, Russland oder Indien alle die gleichen Probleme: Große Farmen mit 1.000–3.000 ha werden oft nur noch von einigen Menschen bewirtschaftet. Durch den Anbau von nur

Abb. 135: Erster Stand für Imkerbedarf auf der AGRITECHNICA 2017.

wenigen Feldfrüchten wie Getreide, Soja und Mais ist der zeitliche Aufwand bei Anbau, Pflege und Ernte enorm konzentriert auf wenige Tage. Eine Effizienzsteigerung durch größere Maschinen ist kaum mehr möglich. In den Phasen zwischen dem Anbau, der Pflege und der Ernte gibt es oft viel Zeit, die mit der Wartung und Instandhaltung der Maschinen nicht vollständig ausgefüllt ist. Die meisten Besucher unseres Messestands haben gesehen, dass sich mit der Honigbiene neue Perspektiven in der Landwirtschaft ergeben. Die weitere Entwicklung bleibt daher aus heutiger Sicht sehr spannend.

Forstwirtschaft – der deutsche Wald

Wie wird aus Bienensicht heute der deutsche Wald bewirtschaftet? Die Idee dies genauer zu analysieren, kam beim Arbeiten im Wald bei der Holzarbeit. Da der Ertrag im Wald sehr gering ist, machte ich mir Gedanken, ob und wie dieser mit Bienen zu erhöhen ist.

Der ökologische Nutzen des Waldes für die Umwelt ist für jeden erkennbar.

Vor der Besiedlung durch den Menschen war die Landfläche im heutigen Deutschland fast komplett mit Naturwald (Urwald) bedeckt. Heute werden noch ca. 30 % der Gesamtfläche in Deutschland mit Wald bewirtschaftet. Das entspricht einer Fläche von ca. 106.000 km^2.

Das Hauptziel unserer rund 200 Jahre alten Waldwirtschaft ist es, möglichst viel Holz zu ernten. Entsprechend sind die Pflanzung, Pflege und Ernte der Bäume im Wald auf dieses Ziel hin angelegt. Allerdings anerkennt man immer mehr die Bedeutung des Waldes im Hinblick auf Klimaerwärmung, CO_2-Speicherung und als Erholungsort für uns Menschen.

Leider schwächen Trockenheit und Hitze unsere Waldbäume und begünstigen den Schädlingsbefall, sodass es zu vermehrten Waldschäden kommt. Auch Sturmschäden mit Entwurzelung und Stamm- und Astbruch vieler Bäume dezimieren unseren Waldbestand.

Laut Statistischem Bundesamt wurden im Jahr 2020 ca. 80 Millionen Kubikmeter Holz eingeschlagen. Der Schadholzeinschlag aufgrund von Insektenschäden betrug ca. 53 % des gesamten Holzeinschlags. Der Anteil der Nadelholzarten Fichte, Tanne und Douglasie, Kiefer und Lärche betrug ca. 87%, der Anteil von Laubholz lag bei ca. 13 %.

Klimawandel und Schädlinge

Heiße Sommer begünstigen den Borkenkäferbefall. Darunter leiden besonders stark unsere Fichtenwälder. Innerhalb kurzer Zeit können dadurch große Waldflächen vom Borkenkäfer befallen werden, der die Bäume dann absterben lässt. Aus eigener Erfahrung weiß ich, wie es ist, bei 35° C im Schatten in Schnittschutzausrüstung im Wald zu stehen, um die vom Käfer befallenen Bäume schnellstmöglich zu fällen und aus dem Wald zu schaffen, sodass eine weitere Ausbreitung des Borkenkäfers verhindert wird. Mittlerweile sind viele Förster und Waldarbeiter über-

fordert, die Ausbreitung des Borkenkäfers zu verhindern.
Eine Folge des Klimawandels sind auch Wetterextreme, die große Waldsturmschäden verursachen. Umgeknickte und entwurzelte Bäume müssen ebenfalls schnellstmöglich aus dem Wald entfernt werden, um ein Ausbreiten des Borkenkäfers zu verhindern. Oft sind die übereinander liegenden umgeknickten oder entwurzelten Bäume miteinander unter Spannung verhakt. Es ist gefährlich, wenn beim Zersägen der Bäume diese Spannungen frei werden und die Stämme mit Wucht zurückfedern. Hier ist besonders auf die Arbeitssicherheit zu achten. In der Waldwirtschaft stecken sehr viel Wissen und teure technische Ausrüstung.
Der Besitz der heutigen Waldfläche teilt sich auf in ca. 50 % Privatwald, 25 % Körperschaftswald und 25 % Staatswald. Laut dem Waldzustandsbericht 2020 des Bundesministeriums für Ernährung und Landwirtschaft weisen 37 % aller Bäume deutliche Schäden auf. Diese Schäden erkennt man als braune Flecken und lichte Stellen in der Krone. Die Waldwirtschaft ist sehr risikobehaftet, deshalb wird sie jährlich mit mehreren Hundert Millionen Euro an Subventionen unterstützt.

Wald als komplexes Ökosystem

Bäume sind außer als reiner Wirtschaftsfaktor in Form von (Bau-)Holz aber auch als CO_2-Senken wichtig. Es stellt sich daher die Frage, ob durch eine Änderung des Holzverbrauchs und des Umgangs mit dem Holz die Bewirtschaftung des Waldes nachhaltiger und lukrativer gestaltet werden kann.
Wir haben in den letzten Jahrhunderten enorm viel Detailwissen über die einzelnen Pflanzen, Tiere, aber auch über uns Menschen aufgebaut. Vielleicht besteht heute die Herausforderung darin, dieses enorme Einzelwissen wieder zu vernetzen. Ich denke, dass es uns damit beim Fokus auf unseren Wald sehr schnell gelingen wird, die richtigen Entscheidungen für eine nachhaltige Zukunft zu treffen. Denn nur wenn man die möglichen Fehlerursachen kennt, kann man die geeigneten Maßnahmen ergreifen. Alle Lebewesen und Pflanzen können uns helfen und zeigen, wie wir mit der Natur besser umgehen sollen.
Heute versucht man, die Natur den modernen Maschinen und Anbaumethoden anzupassen. Wäre es vielleicht nicht sinnvoller zu fragen, was braucht die Natur, was braucht der Mensch tatsächlich? Jedes Tier, jede Pflanze, die Umwelt, aber auch jeder Mensch auf unserer Erde ist wichtig. Alle haben eine Aufgabe und streben danach, die eigene Art zu erhalten. Wenn man genauer hinschaut, dann

Oft hilft ein Blick zurück in die Vergangenheit, um die Zukunft planen zu können.

Achtung!

Bevor man als Laie in den Wald geht, um „Holz zu machen“, sollte man unbedingt einen Motorsägenkurs mit Baumfällkurs besuchen.

Ich bin überzeugt, dass es mithilfe der Biene als Leittier, die einen ganz bestimmten Bezug zu uns Menschen hat, möglich ist, den ewigen Naturkreislauf auf der Erde wiederherzustellen.

kämpfen die einzelnen Lebewesen nicht gegeneinander, sondern alles ist eine große Gemeinschaft. Jeder hilft jedem! Dies können wir in einem Naturwald sehr gut erkennen. Tiefwurzlerbäume schaffen Wasser von bis zu 6 m Tiefe nach oben, wovon wiederum die Flachwurzlerbäume profitieren. Die unsichtbare Welt unter der Erde besteht aus vielen Kleinstlebewesen, Pilzen, Bakterien und Viren, die dafür sorgen, dass es den Pflanzen und Tieren oberhalb der Erde gut geht. Durch Früchte, Laub, Holz und Wasser erhält die unsichtbare Welt unter der Erde die Nährstoffe von oben für ihr Leben – ein ewiger Kreislauf in der Natur. Wussten Sie, dass in Deutschland ca. 250.000 Blütenpflanzen und 50.000 Tierarten leben? Die wenigsten davon sind uns bekannt. Jede dieser Arten braucht ein bestimmtes Spektrum an Nahrung, Klima, Umgebung und Umwelt für eine gesunde Weiterentwicklung. Dies gilt auch für uns Menschen.
Bevor wir dies aber konkret durchdenken werden, sollten wir die eigentlichen Ursachen analysieren. Jede Baumart hat eine eigene, prägnante Ausbildung ihrer Baumkrone, die von Natur aus mit dem Wurzelsystem abgestimmt ist. Wie ist dies aber in unseren heutigen Wäldern?

Anbaumethode und Ernte

In der modernen Forstwirtschaft hat man die Vorteile von Mischwäldern erkannt, sodass größtenteils keine reinen Monokulturen mehr gepflanzt werden (Abb. 136 und Abb. 137). Bei Waldneupflanzungen werden daher nun verschiedene Baumarten angepflanzt, und man versucht, möglichst solche Arten zu pflanzen, die mit der Klimaerwärmung zurechtkommen und gut wachsen können.
Die **gezielte Anpflanzung** von Laub- und Nadelholzbäumen erfolgt heute in Abstän-

Abb. 136: Waldneuanpflanzung von Laub- und Nadelbäumen.

Abb. 137: Ein etwa 50–70 Jahre alter Fichtenwald.

den von 1,5–2,5 m zum nächsten Baumpflanzling. Ziel ist es, dass die jungen Bäume schnellstmöglich in die Höhe wachsen und ein zusammenhängendes Kronendach bilden. Dadurch erreicht man auch, dass am Stamm unterhalb der Krone keine seitlichen Äste wachsen, denn Äste beeinträchtigen die Stabilität und Qualität des Holzes. Im Möbelbau werden Äste „modebedingt" als störend befunden. Manche sehen Äste auch als belebendes Element im Wohnbereich. Als gelernter Modellschreiner bin ich mir bewusst, dass Äste bei der Verarbeitung auch zu Mehrarbeit führen können. Im Bau sind tragende Holzelemente mit vielen Ästen nicht mehr berechenbar, da viele Hölzer oft für große Bauten verwendet werden. Vielleicht muss man hier neue konstruktive Ansätze finden, um auch Holz mit Ästen für solche Anwendungen einsetzen zu können.

Bis zur Ernte des ersten Holzschlags nach der Anpflanzung vergehen mehrere Generationen von Menschenleben.

Dazwischen hat man nur Pflegemaßnahmen zu erledigen. Nadelbäume wachsen schneller; so kann die erste Ernte nach ca. 50–70 Jahren erfolgen. Laubbäume wachsen langsamer, die erste Ernte erfolgt nach ca. 120–150 Jahren. Ein Fichtenwald im Alter von 50–70 Jahren hat eine kleine Baumkrone und einen langen, fast glatten Stamm. Die Äste, die in natürlicher Weise wachsen wollten, hatten keinen Platz und bekamen keine Sonne. Durch die enge Wachstumsmethode erhält man nahezu astfreie Stämme. Ein solcher Waldboden ist in der Regel sehr trocken. Durch die abfallenden Nadeln der vergangenen Jahrzehnte ist der Boden zudem sauer geworden und kann die Fichte im Wachstum behindern. Die Fichte ist ein Flachwurzler, das bedeutet, dass die Wurzeln nur wenige Zentimeter in das Erdreich eindringen.

Ein Nadelbaum braucht ca. 10 Liter Wasser am Tag. Versetzen Sie sich in die Lage eines Fichtenbaums: Bei enger Nachbarschaft hätten Sie ständig Stress, genügend Wasser zu bekommen. Gehen Sie bewusst einmal in solchen Wäldern spazieren. Sie werden feststellen, dass Sie sehr wenige Tiere sehen. Die natürlichen Feinde des Borkenkäfers wie Vögel, Hornissen und andere Insekten haben in solchen Wäldern keine Möglichkeit zum Leben, da für sie die Ganzjahresversorgung mit Nahrung und Habitaten nicht gegeben ist. Die durch die Klimaerwärmung hervorgerufenen stärkeren Stürme und Winde können einen solchen gestressten Wald viel leichter schädigen.

Über die Wurzeln holt sich der Baum Wasser, Nährstoffe und Mineralien für sein Wachstum.

Das Wurzelwerk unter der Erde ist bei einem **natürlich gewachsenen Baum** angepasst. Eine Fichte z. B. nimmt in ihrer Biomasse von der Spitze konisch nach unten zur Erde hin zu. Das ist aus physikalischer Sicht von der Natur ein sehr ausgeklügeltes System. Wie Sie in der Simulation sehen (Abb. 138), befindet sich der Schwerpunkt einer 30 m hohen Fichte mit natürlichem Wachstum ohne Konkurrenz um Licht und Wasser bei ca. 10 m Höhe. Bei einer mit engem Abstand gewachsenen, 30 m hohen Fichte liegt der Schwerpunkt hingegen in ca. 17 m Höhe.

Das bedeutet im Vergleich der Schwerpunkte: Je höher der Schwerpunkt liegt, desto höher ist die Gefahr der Entwurzelung oder des Stammbruchs bei einem Sturm. 7 Meter Unterschied können somit entscheidend sein, ob ein Baum bei einem Sturm umfällt oder nicht.

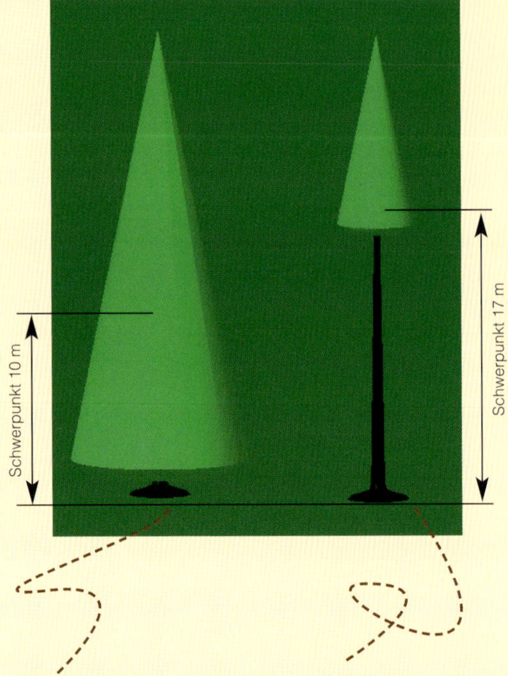

Modell 1 Modell 2

Abb. 138: Simulationsmodell des Schwerpunkts bei unterschiedlich gewachsenen Fichten; links natürliches Wachstum, rechts in engem Anpflanzverbund.

Computerberechnung: Simulation des Schwerpunkts

In diesem Simulationsmodell wurde die Fichte gewählt, da bei der Fichte die meisten Sturmschäden auftreten.
In diesem Simulationsmodell sind 2 Fichtenbäume dreidimensional vereinfacht im CAD dargestellt (Abb. 138–140).
Das Modell 1 soll die Kontur einer natur-

Abb. 139: Schwerpunktberechnung in der Simulation für eine natürlich gewachsene Fichte.

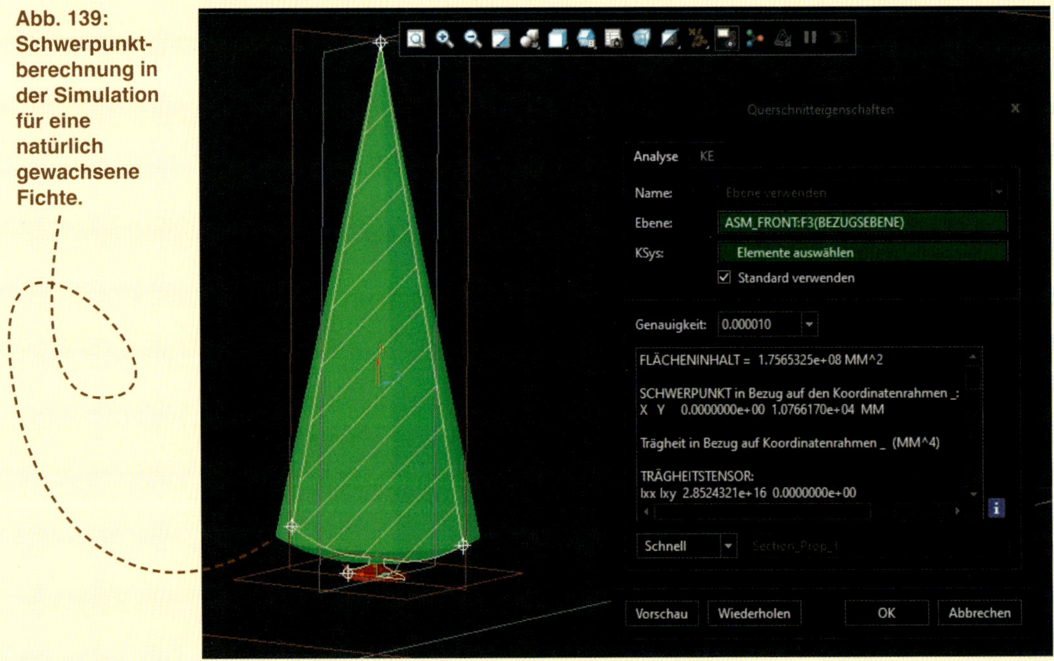

Abb. 140: Schwerpunktberechnung in der Simulation für einen eng gepflanzten Baum.

Die Stand- und Bruchfestigkeit eines Baumes hängt unter anderem auch vom Schwerpunkt ab.

gewachsenen Fichte darstellen. Modell 2 ist eine im engen Abstand gepflanzte und gewachsene Fichte. Beide simulierten Bäume sind ca. 30 m hoch.
Der Schwerpunkt liegt bei der natürlich gewachsenen Fichte bei ca. 10 m Höhe. Der berechnete Schwerpunkt liegt bei einer enggewachsenen Fichte bei ca. 17 m. Das bedeutet, dass je höher der Schwerpunkt liegt, desto höher ist auch die Knickbelastung des Baumes. Der Stammdurchmesser verringert sich in der Höhe, somit nimmt auch die Bruchgefahr bei einem Sturm zu. Je nach Wurzel- und Bodenbeschaffenheit kann es bei starkem Wind aber auch zur Entwurzelung des ganzen Baumes kommen.
Wäre es nicht sinnvoller und nachhaltiger, bei Waldneuanpflanzungen die Bäume in natürlichen Abständen entsprechend des Platzbedarfs der jeweiligen Baumart zu pflanzen? Schauen Sie sich mal in Parks und Schlossgärten die alten ausgewachsenen Bäume an. Der Platzbedarf dieser Bäume liegt je nach Art oft bei 200–900 m^2. Würde eine Waldwirtschaft nach diesen Vorgaben arbeiten, müssten wir Verbraucher uns aber auch entsprechend einstellen.
Mehr dazu erfahren Sie im Kapitel „Kuppel-Tinyhaus“.

Wasser- und Nährstoffbedarf im Wald

Als Imker hofft man jedes Jahr, dass die Sommer nicht zu heiß werden und es ab und zu leicht regnet, sodass es auch Waldhonig gibt. Liegt das Problem aber nur im heißen Sommer? Wenn Sie im Sommer im Wald spazieren gehen, sind die Böden oft sehr trocken. Es wird auch oft vor Waldbrand gewarnt. Regnet es, dann verdunstet der Regen schon in der Krone auf den Nadeln und Blättern der Bäume. Durch die geschlossenen Baumkronen gelangt oft kein Tropfen Wasser auf den Waldboden. Man weiß, dass ein Baum über die Blätter und Nadeln bis zu 300 Liter Regenwasser am Tag verdunsten lässt. Dieses Wasser geht direkt als Wasserdampf wieder in die Atmosphäre, ohne dass es den Boden berührt hat. Die Bäume jedoch brauchen regelmäßig Wasser über das Wurzelsystem vom Boden.

Das folgende **Rechenmodell** soll zeigen, wie viel Wasserbedarf auf einer heutigen Fichten-Waldfläche von 1 ha mit ca. 400 Bäumen notwendig ist (Abb. 141 und Abb. 142). Jeder Baum braucht ca. 3–30 Liter Wasser am Tag. Durch die Wurzeln

Abb. 141: Rechenmodell zum Wasserverbrauch einer dicht gepflanzten Fichtenwaldfläche: 1 Hektar (10.000 m²) mit 50–70 Jahre alten Fichten.

Abb. 142: Wasserverbrauch im Rechenmodell.

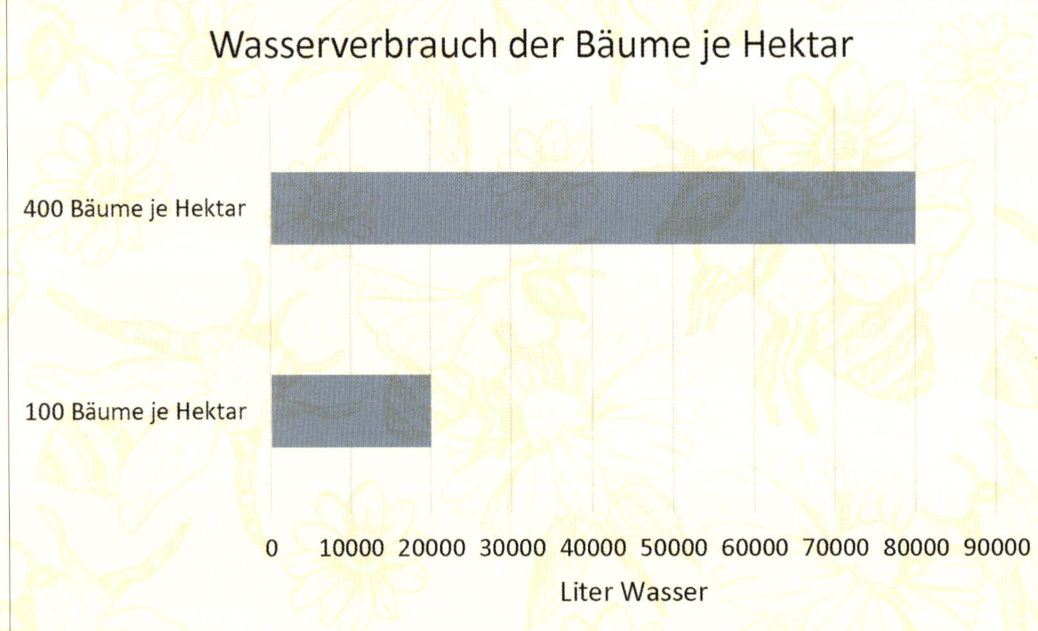

Tab. 9: Anbaufläche nach Baumarten in der deutschen Forstwirtschaft.

Baumart	Fläche in km²	Flächenanteil in %	Wurzelsystem
Fichte	28.000	26	Flachwurzler
Kiefer	24.000	23	Tiefwurzler
Rotbuche	17.000	16	Herzwurzler
Eiche	11.000	10	Tiefwurzler
Lärche	3.000	3	Herzwurzler
Weißtanne	2.000	2	Tiefwurzler
Sonstige Baumarten	21.000	20	
Gesamt Waldfläche	**106.000**	**100**	

zieht er sich das Wasser aus dem Boden. Über den Stamm und die Äste gelangt es zu den Nadeln oder Blättern, wo es verdunstet. Im Rechenbeispiel wird ein Fichtenwald mit einem Baumbestand von 50–70 Jahre alten Bäumen betrachtet. Gerechnet wurde mit einem Wasserverbrauch von ca. 10 Litern Wasser am Tag pro Baum im August. In Summe brauchen diese Bäume auf dieser fiktiven Waldfläche jeden Tag ca. 4.000 Liter Wasser.

Nehmen wir an, dass es bei einer Hitzewelle im Sommer 20 Tage nicht regnet. Die Bäume brauchen aber trotzdem Wasser. Das bedeutet aber, dass die Bäume in diesem Zeitraum ca. 80.000 Liter Wasser bräuchten. Hier wird ein unnatürlicher Konkurrenzkampf initiiert. So wie die Bäume ums Wasser kämpfen, ist auch der Nährstoffabruf aus dem Boden einseitig. Jede Pflanze braucht bestimmte Nährstoffe aus dem Boden und gibt auch

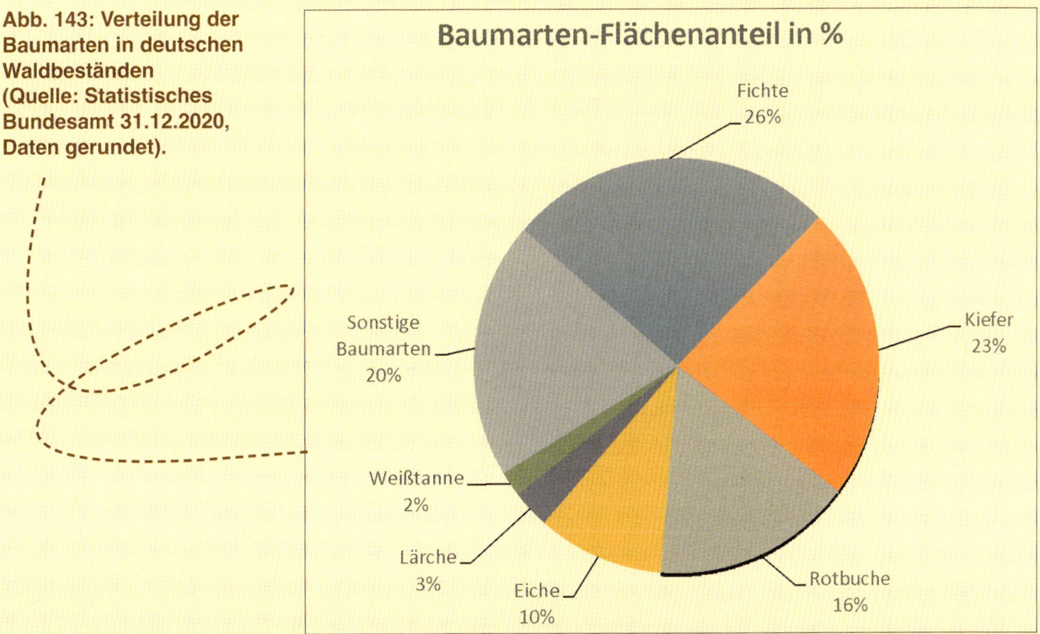

Abb. 143: Verteilung der Baumarten in deutschen Waldbeständen (Quelle: Statistisches Bundesamt 31.12.2020, Daten gerundet).

wieder Nährstoffe ab. So können mögliche Ursachen beim Waldsterben sowohl beim Nahrungsangebot wie beim Wasserangebot eine Rolle spielen.
Viele Bäume zeigen in der Krone braune Flecken und Verlichtungen. Diese Bäume sind geschwächt: Sie kämpfen um ihr Überleben. Hier hat natürlich der Borkenkäfer ein leichtes Spiel, weil er Bäume, die sich nicht mehr effizient wehren können, erfolgreich besiedeln kann. Natürliche Feinde des Borkenkäfers wie Vögel, Ameisen und andere Insekten findet man sehr wenige.
Durch die Trockenheit steigt auch die Waldbrandgefahr. Fassen Sie einmal bei einem Waldspaziergang auf den Boden. Wenn Sie die Fichtennadeln oder das Moos leicht auf die Seite schieben, merken Sie, dass der Boden sehr hart ist. Bei starkem Regen kann der Boden dadurch nicht viel Wasser aufnehmen. Es fließt oberflächlich ab in Bäche und Flüsse und kann unter Umständen bei sehr lang anhaltendem, starkem Regen zu Überschwemmungen führen.
Bei einem **Naturwald** stehen zwar weniger Bäume, diese dafür aber sicherer. Wenn unterschiedliche Baumarten, wie Tief-, Herz- und Flachwurzler, im natürlichen Abstand zueinander stehen, reduziert sich der Wasserverbrauch enorm. Eine Abnahme der Anzahl der Bäume von 400 Bäumen/ha auf 100 Bäume/Hektar, reduziert den Wasserbedarf auf 20.000 Liter. Hier sind die Funktionen und Einflüsse der unterschiedlichen Wurzelsysteme auf den Wasserverbrauch noch nicht einbezogen. Bäume, die weiter auseinander stehen, haben zwar mehr Äste, Blätter oder Nadeln, dafür aber viel weniger Stämme. Es wachsen dann zwar weniger Bäume/ha, weniger kann langfristig gesehen aber auch „mehr" sein.

Wirtschaftliche Betrachtung des deutschen Waldes

Die Forstwirtschaft verfolgt das Ziel eines möglichst hohen Holzertrags. Um eine bessere Betrachtung zu bekommen, ist die folgende Berechnung vereinfacht dargestellt (Abb. 144). Buchen brauchen länger, bis sie geerntet werden können, dafür ist der Ertrag auch höher. In der Berechnung wurde mit dem durchschnittlichen Ertrag von Fichtenholz gerechnet. Unabhängig von den Erntemethoden, dem maschinellen Einsatz sowie den unterschiedlichen klimatischen und Bodenbedingungen liegt der Holzerlös im Durchschnitt bei 532 €/Hektar (10.000 m^2). Staatliche Unterstützungen in Form von Subventionen und Hilfsmaßnahmen sind hierbei nicht einbezogen worden, vermutlich beeinträchtigt dies die Betrachtung der Analyse aber nicht wesentlich.

2020 in Deutschland	Gesamtfläche Wald	Holzeinschlag in m^3	Durchschnittlicher Holzertrag/Hektar	Durchschnittlicher Holzerlös für den Forstwirt 90 €/m^3
Gesamtertrag	106.000 km^2 entspricht 10.600.000 ha	80 Mill. m^3	7,6 m^3/Hektar	532 €/Hektar

Beispiel: Fichtenwald

Die Planung und Anpflanzung, Pflege und Ernte von Holz erfolgt über mehrere Menschengenerationen. Der Forstwirt weiß heute nicht, welches Holz in Zukunft gefragt ist und welche Erlöse erzielt werden können. Je nach Holzart kann die Holzernte erst nach 50–150 Jahren erfolgen. Wie verändert sich das Klima? Welche neuen Erntemethoden werden noch entwickelt, und haben diese vielleicht einen Einfluss auf die heutige Pflanzung? Wie nehmen Klimaerwärmung und Schädlingsdruck zu? Welche Baumarten soll ich pflanzen, damit meine Kinder und Kindeskinder ein Einkommen haben? Jedes Jahrzehnt sind 2–3 Pflegemaßnahmen in Form von Durchforstung erforderlich, aber auch regelmäßige Kontrollgänge sind notwendig.

Die Edelkastanie oder Marone

In Baden-Württemberg und Rheinland-Pfalz gibt es noch Gegenden mit einem großen Bestand an Edel- oder Esskastanien *(Castanea sativa)*.

Jedes Jahr werden diese Gebiete von vielen Berufs- und Nebenerwerbsimkern mit ihren Bienenvölkern besucht.

Der Esskastanienhonig hat einen ganz besonderen, etwas bitterlichen, angenehmen Geschmack.

Der Maronenbaum blüht von Juni bis Juli (Abb. 145). Die getrenntgeschlechtlichen Blüten riechen charakteristisch und geben sehr viel Nektar und Pollen ab. Theoretisch

Abb. 144: Wirtschaftliche Betrachtung bei einem Fichtenwald.

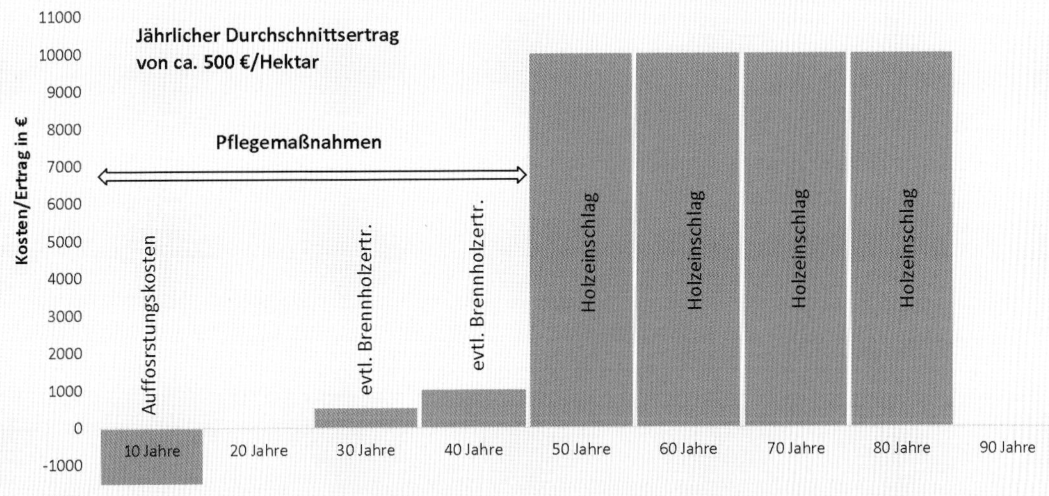

Abb. 145: Esskastanie im Voralpengebiet in Oberbayern im „Essbaren Bienenwald“.

Abb. 146: Esskastanien haben eine sehr stachelige Hülle, die Frucht sieht grob ähnlich aus wie die der Rosskastanie, läuft aber spitz zu.

können aus einem Edelkastanienwald über 500 kg Honig geerntet werden. Von einem Baum können bis zu 200 kg Maronen geerntet werden (Abb. 146). Die Edelkastanie liefert eine gesunde Nahrungsfrucht, die im Gegensatz zum Getreide glutenfrei und mittlerweile bei Allergikern sehr beliebt ist. Die Frucht kann vielfältig in der Küche verwendet und auch zu einem Mehl verarbeitet werden. In Teilen der Schweiz war die Marone früher die Frucht der armen Leute und diente zeitweise auch als Währungs- bzw. Tauschmittel. Wegen der Klimaerwärmung wachsen Maronibäume mittlerweile auch im Voralpenland in Oberbayern. Neu gezüchtete Sorten tragen schon nach 5 Jahren; bei einer Naturverjüngung dauert es hingegen 25 Jahre. Edelkastanienbäume können 500–600 Jahre alt werden.

In der Forstwirtschaft hat man inzwischen erkannt, dass die Edelkastanie unter anderen ein Zukunftsbaum beim Klimawandel sein kann. Der Edelkastanie kommt zugute, dass sie als Pfahlwurzler auch längere Trockenphasen gut übersteht. Allerdings braucht der Baum Platz; zu eng stehen darf er also nicht.

Wie alt werden Bäume?

Alte Bäume können Geschichten erzählen, heißt es! In unseren heutigen Wäldern geht es um einen lukrativen Holzertrag. Entsprechend wurden Erntemethoden und -maschinen wie der Holzprozessor entwickelt, um möglichst kostengünstig Holz ernten zu können. Die meisten modernen Sägewerke können große Stämme nicht mehr bearbeiten, weshalb die Bäume früh

geschlagen werden.
Die Biene als Waldtier kann hier in den nächsten Hunderten von Jahren mit keinem natürlichen Habitat in Form einer Baumhöhle rechnen.
Wenn ein Baum, je nach Art, den Zenit erreicht hat (Abb. 147), wird er von bestimmten Baumpilzen zersetzt. Dies geschieht von innen nach außen. Zum Leben braucht der Pilz die Zellulose, zurück bleiben die Lignine in Form von braunem Totholz. Wenn Sie einen Zunderschwamm außen am Baum sehen, dann ist das die Pilzfrucht. Das Pilzgeflecht befindet sich im Baum und durchzieht ihn. Parallel befallen dann noch verschiedene Insekten den alten Baum. Auch der Specht kommt hinzu und holt sich die Insekten vom Baumstamm. Bis dann eine Baumhöhle für die Bienen und Vögel entsteht, können auch Jahrhunderte vergehen.

Baumhöhlen als Habitate für Bienen entstehen nur in alten Bäumen.

Um die natürliche Biodiversität wieder flächendeckend erreichen zu können, müsste man gezielt viele Bäume alt werden lassen.

Der Wald aus Sicht der Wildtiere

Waldtiere haben es in unseren heutigen Wirtschaftswäldern nicht leicht. In solchen Wäldern gilt nämlich: „Forstwirtschaft vor Wild". Viele Tiere finden dort nicht mehr genügend Nahrung; Jungpflanzen werden vor Verbiss durch das Wild geschützt, Lichtungen mit Naturhecken werden möglichst vermieden. Waldfrüchte wie Himbeere, Brombeere,

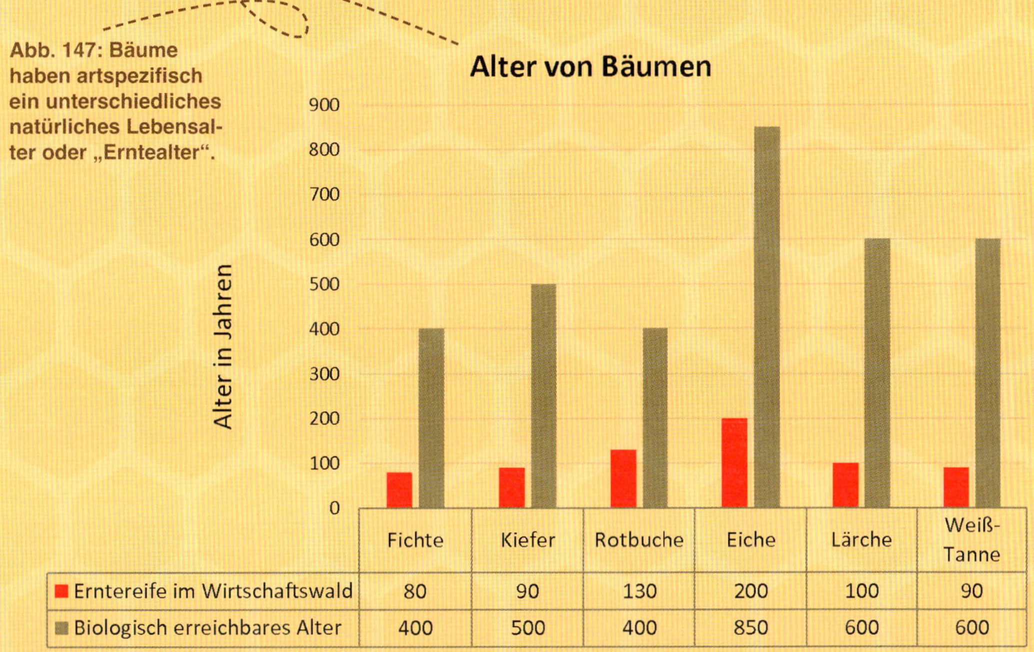

	Fichte	Kiefer	Rotbuche	Eiche	Lärche	Weiß-Tanne
Erntereife im Wirtschaftswald	80	90	130	200	100	90
Biologisch erreichbares Alter	400	500	400	850	600	600

Abb. 147: Bäume haben artspezifisch ein unterschiedliches natürliches Lebensalter oder „Erntealter".

Preiselbeere oder Heidelbeere findet man heute sehr selten im Wald. Die ausreichende Versorgung mit natürlichen Früchten ist bei der Hauptanpflanzung von nur sechs Baumarten (Fichte, Kiefer, Rotbuche, Eiche, Lärche und Weißtanne) nicht ausreichend vorhanden. Durch die enge Bepflanzung und fehlenden Lichteinfall sind viele wichtige Unterholzpflanzenarten im Wald verschwunden. Gehen Sie einmal bewusst im Wald spazieren und lauschen Sie, wie viele Vogelstimmen Sie noch hören können.

Der heutige Wald aus Sicht der Bienen

Die Biene ist seit Millionen von Jahren ein Waldtier. Die Bienen wohnten in Baumhöhlen von alten Bäumen. Sie ernährten sich von den Blüten der Bäume und dem Honigtau der Blattläuse. Es stellt sich die Frage, ob unsere Biene heute noch im Wald leben kann. Die Bestäubung der Blüten unserer sechs Hauptbaumarten (Tab. 10) geschieht durch den Wind. Diese Arten brauchen die Bienen nicht für den Arterhalt. Ihre Blüten geben keinen Nektar ab. Im Fütterungsversuch erwies sich der Pollen von Fichte, Kiefer und Tanne als schädlich, sodass er zu einer Lebensverkürzung bei den Bienen führte. (Quelle „Das Trachtpflanzenbuch" von A. Maurizio u. F. Schaper, Seite 244.) Ob nur in der Versuchsreihe der Pollen von Fichte, Kiefer und Tanne schädlich ist oder ob die Bienen mangels eines anderen Pollenangebots diesen auch in freier Natur sammeln, ist nicht bekannt. Die Honigbiene kann jedoch im Wald Honigtau von unseren sechs Hauptbaumarten ernten.

Honigtau ist keine reine, direkte pflanzliche Absonderung.

Waldhonig ist sehr begehrt, jedoch gibt es in den letzten Jahren wegen Trockenheit und fehlender Ameisenpopulation häufig keinen Waldhonig.

Den Honigtau sammeln die Bienen von den Ausscheidungen der Schild- und Blattläuse, die an den Bäumen saugen. Es gibt viele Arten von Schild- und Blattläusen, die oft auf bestimmte Baumarten spezialisiert sind. Daneben spielt aber auch die Ameise eine große Rolle, die insgesamt eine sehr wichtige Position im Ökosystem Wald innehat. Konkret saugt die Blattlaus den assimilatreichen Zellsaft aus dem Phloem der Blätter und Nadeln der Bäume. Der Zellsaft enthält viel Zucker und wenig Proteine. Die nach Herausfiltern der Proteine überschüssige zuckerhaltige Masse scheiden die Blattläuse als Honigtau kontinuierlich aus. Da die Ameise diese klebrige Masse auf dem Blatt oder der Nadel schlecht aufnehmen kann, werden die Läuse von den Ameisen sozusagen „gemolken". Das Wort erinnert an das Kühemelken. Die Ameise trommelt dafür mit ihren Fühlern auf den Hinterleib der Laus, was diese dazu bewegt, die zuckerhaltige Masse auszuscheiden. Diese frischen Ausscheidungströpfchen können die Ameisen, aber auch die Bienen nun sehr gut sammeln und verarbeiten. In guten Jahren können Bienen in der Regel im Juni und Juli Honigtau sammeln.

Die Ameise schützt die Blattläuse auch vor Fressfeinden, wie z. B. dem Marienkäfer. Ameisen sind überdies nützlich für die Humusbildung im Boden: Sie zerkleinern

Tab. 10: Die sechs Hauptbaumarten im deutschen Wirtschaftswald und ihre Relevanz für die Bienen (Quelle: A. Maurizio F. Schaper. Trachtpflanzenbuch. Ehrenwirth Verlag).

Baumart	Blütenbestäubung	Nektarangebot	Pollenangebot	Honigtau
Fichte	Wind	nein	schädlich	ja
Kiefer	Wind	nein	schädlich	ja
Rotbuche	Wind	nein	nein	ja
Eiche	Wind	nein	nein	ja
Lärche	Wind	nein	nein	ja
Weißtanne	Wind	nein	schädlich	ja

und verstoffwechseln organisches Material. Leider ist die Ameisenpopulation in unseren Wäldern sehr geschrumpft.
Ein ausreichendes Pollenangebot, das die Bienen im Frühjahr, Sommer und Herbst mit Nahrung versorgt, ist in unseren Wirtschaftswäldern leider nicht mehr vorhanden. Eine Vielfalt von Pflanzen im Wald würde die gesamte Biodiversität wieder erhöhen.

Holz- und Forstwirtschaft international

Viele heutige Wüsten waren früher Urwälder. Es ist erkannt, dass die Abholzung der Urwälder großen Einfluss auf Klima und Umwelt weltweit hat. Bäume sind wichtig, weil sie CO_2 binden und damit der Atmosphäre als Treibhausgas entziehen. Dies lernen Kinder heute schon im Kindergarten. Die Urwälder speichern Wasser und verhindern somit indirekt Überschwemmungen. In vielen Ländern der Erde wachsen Bäume und Wälder. Trotzdem gibt es bei oft fast ähnlichen Wuchs- und Klimabedingungen in manchen Ländern viel Wald und in anderen wenig. Holz wird weltweit zwischen den Ländern gehandelt. So hat beispielsweise Deutschland im Jahr 2020 von der Gesamtproduktion von ca. 80 Millionen m^3 Holz insgesamt ca. 13 Millionen m^3 (16 %) exportiert. Die Hälfte davon, rund 6,5 Millionen m^3, ging nach China. Importiert wurden nach Deutschland ca. 6,1 Millionen m^3. Man muss sich schon die Frage stellen, ob es nicht sinnvoller wäre, wenn jedes Land seinen eigenen Holzbedarf anbauen würde. Denn der globale Transport der Unmengen an Holz kostet viel Energie und schädigt die Umwelt. Oft sind hier jedoch politische Rahmenbedingungen mitverantwortlich. In China z. B. bekommt ein Landwirt sein Land nur für 30 Jahre zugeteilt. Danach kann es ihm wieder weggenommen werden. Welcher Landwirt pflanzt dann Bäume, die erst nach 50–70 Jahren geerntet werden können?

Imkerei, Land- und Forstwirtschaft

Die Imker verfügen über Bienen und das Wissen über die Bienenhaltung, aber auch über das Wissen um die notwendigen Nahrungsquellen für ihre Bienenvölker. Die Land- und Forstwirte besitzen das Land und können es entsprechend gestalten. Wie bereits beschrieben, sind die Wege der drei unterschiedlichen Partner im letzten Jahrhundert Schritt für Schritt voneinander getrennt worden, bzw. erst getrennt entstanden. Während die Landwirte regelmäßig auf immer mehr neue und größere Maschinen setzten, wurden die landwirtschaftlichen Flächen diesen Maschinen entsprechend angepasst. Mit der Flurbereinigung in den 1970er-Jahren wurden viele kleine Felder vereinigt. Artenreiche Wildhecken und Raine sind dadurch verschwunden. Ehemals blütenreiche Wiesen wurden zu Ackerland. Die Ernährung des Viehbestands wurde größtenteils von Gras, Klee und Heu auf Mais, Getreide und Soja umgestellt. Die Ställe wurden größer, die Tiere mehr, aber die Landwirte wurden immer weniger. Seit 1949 ist die Zahl der landwirtschaftlichen Betriebe von 1,8 Millionen auf ca. 700.000 Betriebe im Jahr 1990 gesunken; heute sind es noch ca. 250.000 Betriebe – Tendenz weiter sinkend.

Bei den Imkern verhält es sich ähnlich: In der Imkerei hat man ebenfalls versucht, durch technische Neuerungen den Honigertrag zu steigern. So begann man bereits um 1900 mit der Züchtung und Einführung anderer Bienenrassen. Durch die abnehmende Tracht (Nahrungsangebot für die Bienen) in vielen Regionen sind viele Imker dazu übergegangen, mit ihren Bienenvölkern in die noch vorhandenen Trachtgebiete zu wandern. Durch den technischen Fortschritt bei der Mobilität war das mit Pkw-Anhängern oder einem Lkw kein Problem. So fahren heute Berufsimker mit ihren Bienenvölkern von Oberbayern nach Sachsen und Vorpommern, um dort den Buchweizenhonig zu ernten. Imker von Amberg fahren nach München, um dort Lindenblütenhonig und Stadthonig zu ernten, weil auf dem Land gerade eine Trachtlücke ist. Ein Erwerbsimker hat oft 300–500 Bienenvölker zu bewirtschaften. Dies kann aber nur mit einer Automatisierung wirtschaftlich durchgeführt werden. So wird in Schleuderstraßen, Abfüllanlagen, Transporter, Hebeeinrichtungen usw. investiert, um kostengünstig den Honig ernten zu können. Die Investitionen und die Energiekosten für Transport und Unterhalt sind enorm.

Unter den ca. 130.000 Imkern in Deutschland gibt es ca. 500 Erwerbsimker.

Imkern ist „in“.

Wie die Landwirtschaft ist auch das Imkern wetterabhängig. Das Risiko steigt mit dem Klimawandel, sodass in manchen Jahren kaum Honig geerntet werden kann. Viele Imkereibetriebe kämpfen ums Überleben oder geben den Betrieb auf. Während 1990 in Gesamtdeutschland noch 1,6 Millionen Bienenvölker gehalten wurden, sind es heute ca. 870.000 Bienenvölker. Andererseits interessieren sich immer mehr Menschen für die Biene und die Natur. Besonders in der Stadt beginnen viele Menschen mit dem Imkern. Hier ist das Trachtangebot trotz dichter Besiedlung oft besser als auf dem Land. Gegenseitige Schuldzuweisungen für diese Entwicklungen bringen uns nicht weiter. Es gilt, einen Weg zu finden, bei dem alle profitieren können: Mensch, Natur und Umwelt. Vielleicht ist es einfacher, als wir denken. Die Biene als Leittier kann uns dabei helfen und zeigen, was wir tun können.

Was braucht die Biene?

Wie wir Menschen wollen auch die Bienen ganzjährig genügend gesunde Nahrungsmittel zur Verfügung haben. Wir wissen eigentlich alles darüber, was die Biene braucht. Tausende Trachtpflanzen leben in Symbiose mit den Bienen und der Natur. Auch wir sind Teil der Natur. Wir haben es in der Hand, was wir an Nahrungsangeboten schaffen. Wir wissen, wann welche Blume, welcher Strauch oder Baum zu welcher Zeit blüht, wie viel Nektar und Pollen eine Blüte abgibt, zu welcher Tageszeit die Pflanze dies hauptsächlich macht. Jede Pflanzenart braucht unterschiedliche Nahrung und Mineralien; ihr Wasserbedarf und ihr natürlicher Platzbedarf sind bekannt. Auch die klimatischen Bedingungen sind wichtig und bekannt. Heute geht es uns Menschen ähnlich wie den Bienen: Wir ernähren uns einseitig und werden krank oder nicht gesund alt.

Wer imkert, schaut sich die nähere Umgebung um den Bienenstock an. Man weiß zwar, dass die Biene rund 6 km weit fliegen kann, jedoch ist dies für sie anstrengend, kostet Energie und verkürzt ihr Leben.

Tipp

Ein Anbau von Zwischenfrüchten in der Landwirtschaft ist zwar aus Bienensicht zu befürworten, jedoch sollte man sich auch nach dem natürlichen Jahreslauf der Natur und den Bienen richten. Wenn im September, Oktober oder manchmal auch noch im November Zwischenfrüchte blühen und das Wetter es zulässt, dass die Bienen fliegen können, dann besteht die Gefahr, dass Winterbienen zu Flugbienen werden. Flugbienen verschleißen aber schneller und sterben deshalb früher als die Stockbienen. Deshalb kann es vorkommen, dass dann zu wenige Bienen für die Überwinterung vorhanden sind.

Der Trachtkalender

Der Trachtkalender soll zeigen, wie eine ganzjährige Tracht aussehen kann (Abb. 148). Wer den Trachtanbau nicht planen kann wie ein Land- oder Forstwirt, der kann in der Stadt schauen, was gerade blüht und welche und wie viele Pollen seine Bienen nach Hause tragen. So entsteht mit der Zeit der eigene individuelle Trachtkalender.

Viele Trachtpflanzen sind oft gleichzeitig auch Fruchtpflanzen für den Landwirt.

Erträge aus den Trachtpflanzen

Wie bereits erwähnt, sind die Erträge von Trachtpflanzen von vielen Faktoren abhängig. Deshalb ist es wichtig, in der Natur möglichst viele verschiedene Trachtpflanzen für die Bienen für jede Jahreszeit, aber auch für jede Tageszeit entsprechend zur Verfügung zu stellen.

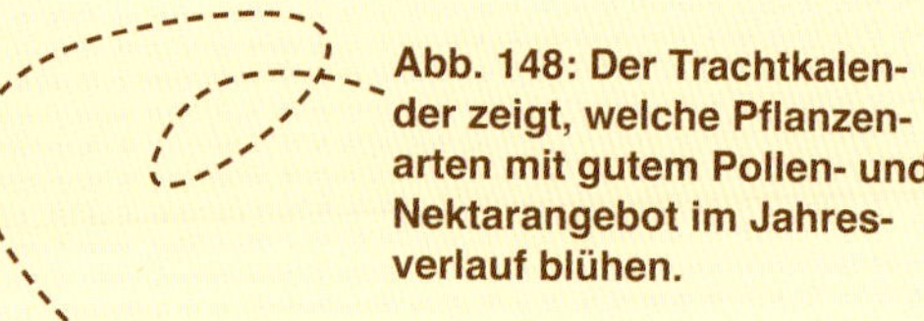

Abb. 148: Der Trachtkalender zeigt, welche Pflanzenarten mit gutem Pollen- und Nektarangebot im Jahresverlauf blühen.

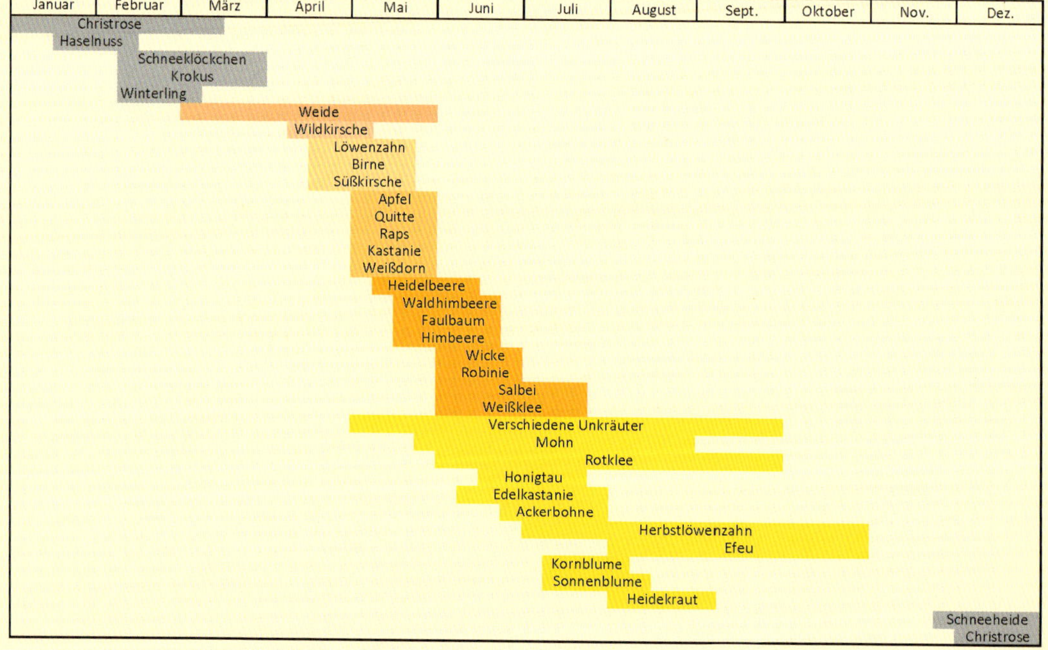

Bienenorientierte Umgestaltung in Garten, Land- und Forstwirtschaft

Vielen stellt sich die Frage: „Wie kann ich meinen Betrieb, meinen Wald oder aber auch meinen Garten bienenertragsorientiert umgestalten?" In den letzten Jahrzehnten sind weltweit Permakultur- und Agroforstsysteme entstanden, die eine nachhaltige, insektenfreundliche Bodenbewirtschaftung und vieles mehr beinhalten (Abb. 149).
Das Permakultursystem wird Ihnen im Folgenden von der Permakultur-Designerin Hannelore Zech beschrieben. Es kann Elemente im eigenen Garten, aber auch Bereiche in der Landwirtschaft ersetzen. Das Agroforstsystem kann der Schritt von der konventionellen Landbebauung zu einer nachhaltigen ertragreichen Landwirtschaft sein. Das Agroforstsystem wird von Bernhard Hänni im eigenen Betrieb erfolgreich umgesetzt und kurz beschrieben. Beide Systeme bilden eine hervorragende Grundlage, um auch die Honigbiene als weiteren Ertragsfaktor gezielt in die Landwirtschaft einzubinden. Das System „Essbarer Bienenwald" hat sich im Kleinen in den letzten Jahren sehr gut entwickelt. Das System könnte das vorhandene heutige Waldanbausystem ersetzen und mit einer geplanten Bienenhaltung wieder erfolgreich machen.

Abb. 149: Bienenertragsorientierte Land- und Forstwirtschaft.

Die Permakultur

Permakultur – ein optimales System für einen produktiven Naturgarten mit Bienen rund ums Haus

(Bericht und Bilder von Hannelore Zech)

Ein Paradies rund ums Haus, das uns versorgt, aber noch genug Raum gibt für all unsere Nützlinge? Das ist mit Permakultur möglich. Mit einer ausgeklügelten Zonierung, einer Sektorenplanung und der Anlage von möglichst vielen Dauerpflanzen wird dies auch noch extrem pflegeleicht! Durch die Anordnung unterschiedlichster Pflanzen auf kleinem Raum entsteht dabei ein Ökosystem, das die Natur nachahmt (Abb. 150). Darin fühlen sich Insekten, Singvögel und weitere Nützlinge wohl. Der tolle Nebeneffekt: so gut wie keine Schädlinge!

Abb. 150: Eine Dostpflanze mit Bienenbesuch.

Der intensiv bewirtschaftete Bereich direkt am Haus kann mit verschiedensten Beetelementen eine interessante Optik bekommen. Innerhalb der Beete werden die Regeln der Mischkultur angewandt, das heißt, Gemüse, das sich mag, wächst mit den Wurzeln ineinander, während Gemüse, das sich nicht verträgt, versucht voneinander wegzuwachsen. Nicht nur, dass wenig Raum benötigt wird, wenn diese Regeln beachtet werden, die Pflanzen schützen sich auch gegenseitig vor ungewollten Fressern. Ein paar Beispiele?

- Ringelblumen, Borretsch und Tagetes bei Kohl übertünchen den Kohlgeruch. Die Kohlweißlinge finden dabei schwieriger an ihre Wirtspflanzen. Dazu kommt, dass die Raupen von Wespen gefressen werden. Gibt es also viel „Gesumm" durch verschiedene Blütenbesucher in der Nähe von Kohl, ziehen sich die Raupen zurück, da sie Angst haben, gefressen zu werden. Dabei erkennen sie keine Unterschiede zwischen Hummeln, Bienen und Wespen!
- Karotten neben Zwiebeln oder Lauch vertreiben die Möhren-, aber auch die Lauchfliege!
- Kapuzinerkresse beim Gemüse kann Raupen, Erdflöhe, ja, es heißt sogar Mäuse/Wühlmäuse abwehren.
- Kerbel bei Salaten soll vor Läusen schützen. Die Blüten sind wahre Insektenmagneten!
- Erbsen bei Kartoffeln sollen den Kartoffelkäfer vertreiben.

Es gibt noch viele weitere Beispiele, doch ist es immer so, dass Mischkulturen bei Gemüse den Nutzinsekten und dem Menschen gleichermaßen helfen. Dabei kann man wählen zwischen Hochbeeten, Hügelbeeten, Sonnenfallen, Kraterbeeten, Reihenmischkulturbeeten usw.

Ausbau zum Waldgartensystem

Noch pflegeleichter und nutzbringender für Bienen & Co. wird es, wenn Wildobsthecken und generell das Waldgartensystem mit ins Spiel kommen. Auch im Hausgarten kann dies im Kleinen nachgeahmt werden.

Mit Waldgarten ist ein stockwerkartiger Aufbau von fruchttragenden Gehölzen, Kräutern und Wildgemüse gemeint. Ein Fruchtwald sozusagen, wobei es ein sehr lichter Wald ist.

Ein wichtiges Element im Waldgarten ist die **Baumscheibe**. Es ist der Bereich vom Stamm des Obstbaumes bis zum späteren, erwarteten Rand der Krone des Baumes, der sogenannten Tropfzone. Innerhalb dieses Bereiches wird geschichtet und gestapelt. Es beginnt mit den Wurzelpflanzen, den **Pfahlwurzlern**, die meist mit ihren feinen Haarwurzeln noch tiefer reichen können als der Obstbaum selbst und dadurch Wasser und Nährstoffe aus tieferen Schichten diesem wieder zur Verfügung stellen können. Noch stabiler und weitreichender wird dies, wenn Mykorrhizapilze ins Spiel kommen. Machen wir jedoch nun oberirdisch weiter. Das 2. Stockwerk bilden die **Bodendecker**: Erdbeeren, Goldnessel oder Giersch als Wildgemüse decken den Boden wunderbar ab. Die Kräuter, meist mit ätherischen Ölen ausgestattet, bilden geniale Bienenweiden und halten den Obstbaum läusefrei. **Beerensträucher**, am besten in der Tropfzone oder späteren Tropfzone des Baumes untergebracht, bilden ein weiteres Stockwerk. **Wildobststräucher** wie Holunder, Ölweide, Kornelkirsche sind nordseits des Obstbaumes gut untergebracht und fördern neben den Beerensträuchern das Kleinklima in dieser Obstbaumlebensgemeinschaft, auch Gilde genannt. Ein Stockwerk haben wir noch vergessen. Es bildet den vertikalen Bereich. Dazu ist jedoch ein schlanker, höherer Obstbaum geeigneter als ein breitkroniger. Als **vertikale Fruchtpflanze** eignet sich vor allem eine Weintraube oder eine dornenlose Brombeere, die sich am Baum hochranken kann. Bedingung ist natürlich immer, dass an den unteren Stammbereich der Hauptpflanze genug Sonne hinscheinen kann.

Wir können mit dem Permakultursystem unseren Hausgarten in ein hochproduktives System umrüsten, in ein stabiles Ökosystem, das allen Beteiligten nutzt.

So sind in einem Bereich, in dem in konventionellen Hausgärten meist nur Baum und Rasen stehen, der Fruchtträger mickert und der Rasen wöchentlich gemäht wird, in einem Permakulturgarten 15–20 verschiedene Pflanzen, die wiederum Nektar für Bienen und Obst, Tee und Gewürze für uns liefern – und die sich dabei noch gegenseitig

gesund erhalten. Es entsteht ein stabiles System mit Nahrung und Nistmöglichkeiten für Vögel und Lebensraum für viele weitere wilde Nutztiere.
Werden dazu noch sogenannte Randzonen eingerichtet (diese sollten mindestens 25 % des kompletten Gartenraumes einnehmen), also Bereiche, die von uns nicht betreten werden, aber den Nützlingen zugutekommen, wie z. B. wilde Blumenbereiche (auch wenn es nur einzelne Quadratmeter sind), Wildobsthecken, Steinpyramiden, Insektenhotels, Totholzhaufen, Laubhaufen, Nistkästen usw., kann ein ökologisches Gleichgewicht entstehen. Noch besser ist es, wenn die Nachbarn ein ebensolches Gartensystem anlegen. Denn dann kann die Inselfunktion bzw. die Versorgung innerhalb einer Siedlung eine angenehme Resilienz erreichen.

Erholungs- und Nutzwert

So ein Permakulturgartensystem hat für den Menschen einen enormen Erholungswert: die Klänge der Vögel, die in natürlichen 432 Hz zwitschern, die Düfte der Kräuter und Blüten, das Farbenmeer von Blüten und Früchten, die frische Ernährung, die uns alle Energie gibt, die wir brauchen, das Summen der Bienen und Hummeln, das unser Stresslevel komplett beseitigt. Es gibt dort immer irgendetwas zu entdecken, es bleibt interessant, es entsteht ein optimales Kleinklima und wir fühlen uns behütet.
Ein auf diese Weise angelegter Hausgarten mit ca. 1000 m^2 reicht für die Versorgung einer kleinen Familie komplett aus, mit Obst, Tee, Hausapotheke, Gemüse und Naschereien. Bienen gehören in jeden Permakulturgarten, aber auch andere Nutztiere eignen sich sehr gut, wie z.B. Hühner, Enten, Wachteln und Kaninchen. Es geht jetzt nur noch darum, dass wir diese Vision umsetzen und ins Tun kommen.

Ausschnitt aus einem Waldgarten

Abbildung 151 zeigt einen kleinen Ausschnitt aus dem Waldgarten, der auch einem Hausgarten entsprechen könnte. Alleine auf diesem Bild, das eher den extensiven Bereich des Gartens zeigt, finden sich Walnuss, Äpfel in verschiede-

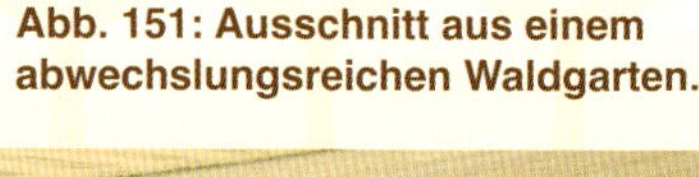

Abb. 151: Ausschnitt aus einem abwechslungsreichen Waldgarten.

nen Sorten, Johannisbeeren, Brombeeren, Wiesenbärenklau, Giersch, Kerbel und Pastinaken als Wildgemüse, weitere Blüten als Bienenweide, ein Teich mit Totholz und Sandbereich für die Wildbienen.

Extensivband Waldgarten

In größerem Gelände kann ein Waldgarten streifenmäßig angelegt werden (Abb. 152). Von Süden nach Norden kämen dann Extensivgemüse, wie z. B. Kartoffeln, Rüben, Zuckermais oder Kürbis, dann Beerensträucher, Spalierbeeren oder Spalierbäume, Bäume wie Quitten, Mispeln oder Holunder, niedrigere Obstbäume wie Mirabellen, dann Äpfel und hinten Birnen. Den nördlichen Abschluss macht eine gemischte Wildobsthecke.

Intensivzone mit Kartoffelrose

Zwischen den Gemüsebeeten befinden sich Staudenstreifen, ungefüllte Rosen, Wildrosen, aber auch Zwergobst (Abb. 153). Den hinteren Bereich bilden hier Felsenbirnen und Apfelbäume, darunter Himbeeren und zur Hangbefestigung Sanddorn, Haselnuss, Weiden, Schneeball und ungefüllte Bodendeckerrosen.

Abb. 153: Intensivzone mit Kartoffelrose (Apfelrose).

Abb. 152: Streifenförmiges Extensivband Waldgarten.

Hochbeete

Die Hochbeete werden mit Dauerhaftem und Einjährigem versehen (Abb. 154). Die Dauerpflanzen wie Schnittlauch, Spornblume, Knoblauch und Haferwurz dienen auch als Insektenmagnete zum Schutz vor Schädlingen an Salaten, Rüben, Zucchini und Tomaten. Ein jährlicher Wechsel, sprich: Fruchtfolge, ist sehr von Vorteil für die Mikrobiologie im Boden. Sehr groß im Bild zu sehen ist die Yaconpflanze im mittleren Hochbeet, ein Wurzelgemüse, das auch zum Superfood zählt. Insgesamt liefert ein Permakultursystem jede Menge gesunde Lebensmittel für die Selbstversorgung (Abb. 155).

Abb. 155: Selbstversorgung mit gesunden Lebensmitteln im Permakultursystem.

Abb. 154: Hochbeete für Gemüse- und Kräuteranbau.

Das Agroforstsystem

(Bericht mit Bildern von Bernhard Hänni)

„Je weniger man die einzelne Kultur in der Landschaft sieht, desto besser ist sie ins Ökosystem integriert." Mit diesem Leitsatz möchte ich Ihnen eine neue Art und Denkweise der Landwirtschaft näherbringen.
Auf unserem Betrieb wird seit mehr als 50 Jahren Biolandbau betrieben. Wir durften jedoch feststellen, dass auch die heutige „normale Bio-Landwirtschaft" sich immer weiter weg von einem gesunden Ökosystem bewegt. Nach vielen Beobachtungen der Arbeitsabläufe und des laufend schlechter werdenden Bodenzustandes haben wir ein Anbausystem entwickelt, mit welchem wir trotz der intensiven Produktion von Bio-Gemüse das Ökosystem stärken und den Boden nachhaltig aufbauen können. Dazu haben wir viele einzelne Puzzlestücke zu einem ganzen Bild zusammengefügt.

Nur durch die Verschmelzung des einen mit dem anderen erhalten wir stabile und leistungsfähige Ökosysteme.

Heute können wir auf unserem tierfreien Hof über 140 Sorten Gemüse ohne den Einsatz von zugekauften Handelsdüngern, Pflanzenschutzmitteln oder den Einsatz des Pfluges produzieren. Das Geheimnis liegt in der Zusammenführung von einzelnen Komponenten.
Die heutige Landwirtschaft denkt in großflächigen Kulturen, maximalem Ertrag, höchster Effizienz, Bekämpfung allen Lebens, welches nicht dem Ideal entspricht, und macht auf einem separaten Feld der Fördergelder wegen einen ökologischen Ausgleich. Trotz dieses „Greenwashings" kommt die Landwirtschaft immer mehr unter Druck und ist durch die vielen Abhängigkeiten kaum mehr wirtschaftlich oder rentabel. Dadurch wird langfristig auch der Bauer unzufrieden und verliert den Spaß an der harten Arbeit.

Landwirtschaft neu denken

Stellen Sie sich vor, Sie haben lauter Bilder von allen einzelnen Komponenten. Da sind unsere Kulturpflanzen, Bäume, Wiesen, Insekten, Wild- und Nutztiere, Bodenlebewesen, Regen, Sonnenschein, Oberflächen- und Grundwasser, die verschiedenen Jahreszeiten, der Mensch, die Maschinen und noch viele weitere „Mitspieler". Nun versuchen Sie, all dies zu einem ganzen Bild zusammenzufügen. Wenn Sie darauf achten, dass jeder Beteiligte für sich die bestmöglichen Bedingungen erhalten kann, werden Sie merken, dass jedes einzelne Element vom anderen abhängig ist.

Interessen-abwägungen

Vielleicht können wir bei der Kulturpflanze nicht einen absoluten Höchstertrag erzielen. Durch die Integration von anderen Elementen ist jedoch der sogenannte Pflanzenschutz plötzlich überflüssig. Weil wir den Boden schonend bearbeitet haben, konnten wir teure Technik einsparen, den Wasserhaushalt verbessern und

haben gleichzeitig eine große Vielfalt auf dem Acker ermöglicht. Daher müssen wir uns als Bauern bei jeder Arbeit fragen: Was bewirke ich mit diesem Arbeitsgang, wem schade ich damit, wem nütze ich oder handle ich mir damit sogar zusätzliche Maßnahmen ein? Dies könnten zum Beispiel folgende sein: Durch das Pflügen baue ich Humus ab und muss dadurch später nachdüngen und bewässern. Oder durch das Ausbringen von Insektiziden oder Fungiziden schwäche ich das Ökosystem dermaßen, dass eine Verarmung des Bodenlebens resultiert.
Beim Zusammenfügen der Einzelteile zu einem Ganzen wird es zugegebenermaßen komplex: Bäume sind zum Beispiel ein Feind der heutigen großen Landmaschinen. Für das Ökosystem wäre eine regelmäßige Verteilung der verschiedenen Baumarten auf die ganze Fläche der Idealfall. Hier müssen wir als Bauern bei der Gestaltung der Landschaften einige Interessenabwägungen machen und das Optimum für alle Beteiligten finden. In unserem Fall ist dies die Integration von Obstbäumen als Agroforstsystem in die Kulturflächen.

Konkrete Umsetzung

Unsere Fruchtbäume stehen in geraden Reihen und werden von permanenten **Blühstreifen** begleitet (Abb. 156 und Abb. 157). Daneben stehen schmale **Grasstreifen**, welche alternierend mit dem Balkenmäher gemäht werden. Das Gras wird liegen gelassen. So holen wir eine riesige Anzahl von Insekten in unsere Kulturflächen. Dadurch, dass adulte Insekten ständig ein Nahrungsangebot im Feld haben, können sie auch die sogenannten Schädlinge wirksam parasitieren. Hier geht es aber nicht um eine Bekämpfung der Schädlinge, sondern um einen Ausgleich zwischen den Arten. Beide, „Nützling" wie „Schädling", sind voneinander abhängig. Ich muss der Natur nur vertrauen und dem Ökosystem Zeit lassen, um zu reagieren. Greife ich beim ersten Auftreten einer Raupe sofort zum Pflanzenschutzmittel, hat die brütende Meise gar keine Chance, ihre Jungen zu füttern und damit die Raupen zu dezimieren. Heute sehe ich die Pflanzenschutzmittel eigentlich als Kampfstoffe gegen die Natur – und den Menschen als Schädling im Ökosystem!
Neben diesen **Baumreihen** produzieren wir unser Gemüse auf **konstanten Beeten** (Abb. 158). Diese werden mit dem Geohobel maximal 8 cm tief bearbeitet. Sämtliche Maschinen sind so klein und leicht wie möglich gewählt und fahren auf den konstanten, dauerbegrünten Fahrspuren. So wird der Anbauraum von den Fahrspuren getrennt und die Bodenbelastung auf ein Minimum reduziert.
Auf jedem Beet wird mit hoher Pflanzdichte die jeweilige Kultur angebaut. Dies hilft, die Ressourcen optimal zu nutzen und den Boden zu beschatten. Nach der Kultur wird umgehend eine **Gründüngung** eingesät. Hier geht es vor allem darum, den Boden nie nackt liegen zu lassen und mit unterschiedlichen Pflanzen zu durchwurzeln. Es werden immer Mischungen angesät und auch darauf geachtet, dass möglichst verschiedene **Blühpflanzen** vorhanden sind, um die Insekten mit Nektar zu versorgen. Wir achten penibel darauf, dass jedes Element verschiedene Aufgaben erfüllen kann. Meistens liefern auch alle Elemente zusätzliche Erträge! Die Gründüngung versorgt den Boden und ernährt die Insekten, welche ein natürliches Gleichgewicht erlangen und Bestäubungsleistungen erbringen.

Abb. 156: Luftbild: Gesamtansicht des Hofes mit Agroforstreihen.

Abb. 157: Baumreihe mit Blühstreifen.

Zusätzlich kann in diesem gesunden Ökosystem mit dem **gezielten Einsatz der Honigbiene** ein weiterer Ertrag erzielt werden: bester Bienenhonig. Wir freuen uns darauf, auch unsere Bienenhaltung wesensgerechter und unserer Philosophie entsprechend umstellen zu dürfen. Hier passt die Bienenkugel hervorragend in das ganze Bild!

Als Landwirt muss ich nicht jedes noch so kleine Detail kennen und darin zum Fachspezialisten werden. Ich darf auch einmal einen Schritt zurück machen, mich vom einen Bildpunkt lösen, um den ganzen gemalten „Sämann“ zu erkennen oder sogar den ganzen „van Gogh“. Den Rest kann ich getrost der Natur überlassen.

In den Baumreihen wurde ein Streifen mit den verschiedensten Blühpflanzen als Bienen- und Insektenweide angepflanzt (Abb. 158). Diese werden nicht gemulcht, um ein Überwintern der Insekten zu

Bernhard Hänni

Abb. 158: Baumreihen mit Gemüsebeeten.

ermöglichen. Als Pufferstreifen zu den im Vordergrund stehenden pflanzbereiten Gemüsebeeten mit dauerbegrünten Fahrspuren befindet sich ein Grasstreifen. Dieser wird mit dem Balkenmäher insektenschonend seitenalternierend gemäht. Die Bäume liefern einen Ertrag an verschiedenen Früchten wie Apfel, Birne Quitten oder Steinobst. Daneben regulieren sie das Mikroklima, liefern Nährstoffe und Beschattung oder bremsen den Wind. Sie sind ebenfalls Lebensraum für Vögel und Insekten und bilden mit den Blüh- und Grasstreifen wichtige Rückzugsorte im Acker (Abb. 158). Hier findet sich auch ein idealer Standort für die dezentrale Imkerei mit der Bienenkugel.

Bernhard Hänni ist Bio-Landwirt und Gemüsegärtnermeister in Noflen BE/Schweiz. Sein Anbausystem wurde 2015 mit dem „Grandprix Bio-Suisse" ausgezeichnet und er wurde beim Ceres-Award zum „Biolandwirt des Jahres 2021" gekürt. Weitere Informationen finden Sie unter www.haenni-noflen.ch.

Copyright der Bilder: Alle Bilder sind Eigentum von HÄNNI NOFLEN Bio-Gemüse. Der Abdruck mit Quellenangabe ist ausdrücklich genehmigt.

Tipp vom Autor

Sie planen ein Agroforstsystem oder einen Essbaren Bienenwald. Für Sie habe ich eine kleine Auswahl von Pflanzen zusammengestellt, um Ihnen zu zeigen, wie ein möglicher Mehrertrag auf Ihrem Grund möglich ist.

Tab. 11: Mögliche Erträge aus Ölsaaten und Bienenweidenpflanzen (Auszug aus dem Buch „Bienenweide" von Günter Pritsch).

	Möglicher Honigertrag/Hektar	Möglicher Ölsaatertrag/Hektar
Buchweizen	90–490 kg	1.000–3.000 kg
Kornblume	350–600 kg	
Kugeldistel	300–900 kg	
Leindotter	150–300 kg	3.000 kg
Luzerne	160 kg	
Ölkürbis	50 kg	500–1.200
Raps	230 kg	3.700 kg
Saflor, Färberdistel	100 kg	2.000 kg
Schwarzkümmel	45 kg	200 kg
Senf	40–100 kg	1.500 kg
Sojabohne	50–150 kg	2.000–3.500 kg
Sonnenblume	50–80 kg	1.500–3.000 kg
Steinklee	100–300 kg	

Der Essbare Bienenwald

Der erste „Essbare Bienenwald“ liegt in Oberbayern und ist aus einer alten Streuobstwiese entstanden. Diese Streuobstwiese mit ca. 1 ha Grund ist nach 15 Jahren nicht wiederzuerkennen. Die Idee der Umgestaltung, ohne einen Baum zu fällen, kam aus dem Verlangen, möglichst viele Lebensmittel ohne großen Aufwand zu ernten und gleichzeitig für Bienen, Schmetterlinge und andere Insekten ein möglichst langes, vielseitiges Angebot zu bieten. Aber auch die unterschiedlichsten Vogelarten und Waldtiere sollten ein ganzjähriges Nahrungsangebot bekommen, ohne gefüttert werden zu müssen.

Der Essbare Bienenwald kann das heutige Waldanbausystem ergänzen.

Wer Vielfalt pflanzt und wachsen lässt, kann auch Vielfalt ernten.

Wie pflanzt man Wildnis? Wie kann man Wildnis zulassen? Wie kann man trotzdem für sich noch etwas ernten und den Überschuss eventuell verkaufen? Grundziel war, den vorhandenen alten Altbaumbestand mit mehr als 30 Bäumen mit alten Apfelsorten zu erhalten, jedoch ohne übertriebenen Pflegeschnitt. Das Schnittgut der Bäume wird nie von der Fläche gefahren, denn das kostet Energie und Zeit. Mit den Ästen wurden Benjeshecken oder einfache Hügel angelegt (Abb. 159). Heute wird ein Teil der Äste auch für die Herstellung von hochwertiger Terra-Preta-Kohle als Langzeitdünger verwendet (Abb. 160).

Abb. 159: Das Schnittgut der Bäume dient als Benjeshecke.

Abb. 160: Terra-Preta-Ofen für die Herstellung von Langzeitdüngerkohle.

Während früher das ganze Bewirtschaftungssystem auf den Ertrag aus den Apfelbäumen ausgerichtet war, ist inzwischen eine Vielzahl von unterschiedlichen Bäumen hinzugekommen: Mandelbäume, Esskastanien, Mirabellen, verschiedene Kirschbaumarten, verschiedene Birnensorten; auch verschiedene Nussbäume dürfen nicht fehlen.

Während in den heutigen modernen Plantagen nach der Ernte der Boden „aufgeräumt" wird, bleibt bei uns das Gefallene, nicht verwendete Streuobst auf dem Boden liegen (Abb. 161). Äpfel, an die man bei der Ernte nicht herankommt, bleiben am Baum hängen. So schafft man für die Wildtiere eine Nahrungsversorgung über den ganzen Winter.

Es ist nun bereits über Jahre zu beobachten, dass der Schädlingsbefall bei den Äpfeln ständig abnimmt. Dadurch dass man Vielfalt zulässt, können die verschieden Vogelarten ständig neue unterschiedliche Pflanzenarten in Samenform auf das Gelände bringen, wo sie anwachsen. Ein Ökosystem, in das man eingreifen kann, aber nicht muss. Man kann Brennholz oder aber auch Bauholz entnehmen, ohne dass es die Natur großartig beeinträchtigt.

Abb. 161: Futter im Winter.

Dezentrale Bienenaufstellung – geplante Bestäubung

Meist stehen heute 10–100 Bienenvölker auf einer kleinen Fläche konzentriert, sind also zentral aufgestellt (Abb. 162). Die Nachteile wie Übertragung von Krankheiten durch Verflug und Räuberei unter den Bienenvölkern sind bekannt. Natürlich ist es von Vorteil, wenn man eine Stelle leicht mit dem Auto anfahren und dann ein Volk nach dem anderen durchschauen kann. Das Material, z. B. zusätzliche Honigräume, braucht man ebenfalls nicht weit zu schleppen.

Ein weiteres Merkmal des Essbaren Bienenwalds ist die dezentrale Aufstellung der Bienenvölker.

In der früheren Natur, als die Biene noch im Wald lebte, war diese hohe Konzentration von Bienenvölkern auf engem Raum nie gegeben. Die Bäume hatten immer die natürlichen Abstände von 15–30 m zueinander. In unserem Essbaren Bienenwald stehen alle Bienenvölker im natürlichen Abstand, also dezentral (Abb. 163).

Es ist ein entspanntes Imkern, da ein benachbartes Bienenvolk bei 15 m Abstand das Öffnen der Bienenbeute nicht mitbekommt und dadurch auch keine Unruhe entsteht. Mit der Bienenkugel-PRO ergibt sich ein weiterer Vorteil dadurch, dass man keine zusätzlichen Honigräume benötigt. So kann man leicht von Bienenvolk zu Bienenvolk gehen und auf einem kleinen Handwagen den geernteten Honig zum Auto transportieren. Die dezentrale Bienenaufstellung hat natürlich auch

Abb. 162: Zentrale Aufstellung der Bienenvölker.

Abb. 163: Dezentrale Aufstellung der Völker in der Bienenkugel.

Abb. 164: Reiche Obsternte aus dem Essbaren Bienenwald; hier Brauner Boskop-Apfel.

Abb. 166: Überreiches Nahrungsangebot für Bienen.

Wir können getrost Vielfalt zulassen: Die Natur arbeitet für uns!

Abb. 165: Kleearten helfen, das Nahrungsangebot auch in blütenärmeren Zeiten aufrechtzuerhalten.

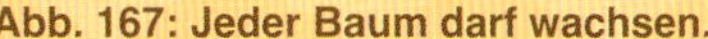

Abb. 167: Jeder Baum darf wachsen.

positive Auswirkungen auf den Obst- und Honigertrag. Durch die Bestäubung mit der Honigbiene erhält man schöneres und lagerfähigeres Obst (Abb. 164). Verschiedene Kleearten am Boden können das Nahrungsangebot auch in trachtärmeren Zeiten für die Bienen aufrechterhalten (Abb. 165).

In einem alten Bienenbuch von 1900 heißt es, dass so viel im Überfluss blüht, dass der Mensch nie in der Lage sein wird, mit Bienen alles davon zu ernten (Abb. 166). Heute blüht in vielen Gegenden leider nicht mehr viel oder gar nichts mehr.

Im Essbaren Bienenwald darf jeder Baum wachsen (Abb. 167). Mit der Motorsäge kann man dann ab und zu eingreifen, wenn man sieht, dass eine bestimmte Pflanzenart durch Wildwuchs nicht richtig wachsen kann.

Skalierung und Übertrag auf unsere heutige Waldwirtschaft

Jeder private Waldbesitzer und Staatsförster stellt sich heute mehr denn je die Frage, welche Baumart den Klimawandel überleben kann. Die unten aufgeführte Tabelle ist nur ein kleiner Auszug über mögliche Bienentrachtbäume (Tab. 12). Sie soll aber zeigen, wie sich im Wald der Ertrag steigern lässt. Wenn man bei der Neuanpflanzung von Wäldern die Bienentracht berücksichtigt, kann ab dem ersten Anbaujahr mit Himbeere, Brombeere, Waldbeere und anderen Trachtpflanzen ein Honigertrag generiert werden. Über Jahrzehnte gesehen steigt der Ertrag quasi dreidimensional an. Holz gibt es genügend. Wir könnten heute das Fünffache an Bauholz aus unseren Wäldern entnehmen. Aber das Risiko von Schädlingsbefall und Sturmschäden bleibt und wird auch die nächsten Jahre die Rendite am Holzertrag mindern. Nutzen wir die Chance, unserer nachfolgenden Generation eine neue nachhaltige, ökologische und dennoch rentable Grundlage zu schaffen.

Tab. 12: Baumarten, die sich gut als Trachtbäume für Bienen eignen (Auszug aus dem Buch „Bienenweide" von Günter Pritsch).

	Möglicher Honigertrag/Hektar
Ahorn	200–550 kg
Apfel	50–200 kg
Birne	40–180 kg
Efeu	230–340 kg
Esskastanie	300–500 kg
Götterbaum	40–300 kg
Heckenkirsche	26–120 kg
Heidelbeere	30–130 kg
Linde	50–600 kg
Ölweide	20–100 kg
Pflaume	10–30 kg
Robinie	50–1000 kg
Rosskastanie	50–380 kg
Schneebeere	80–400 kg
Weide	25–150 kg

Mögliche Honigerträge aus Bäumen und Gehölzen

Pflanzen Sie Ihre Bäume und Sträucher je nach Region angepasst an Boden und Klima.

Die aufgeführten Bäume und Gehölze sollen beispielhaft zeigen, welche Honigerträge mit bestimmten Pflanzen generiert werden können (Tab. 12). In Wirklichkeit stehen uns Tausende Bäume zum Pflanzen zur Verfügung.
Mit dem Anbau von kleinen Flächen kann die Grundlage für ganze große Wälder gelegt werden. Die Pollenerträge und Bienenwachserträge sind dabei noch gar nicht berücksichtigt. Man muss auch bedenken, dass Bäume dreidimensional wachsen. Im Gegensatz dazu haben wir bei einem Getreidefeld nur ein zweidimensionales Wachstum.
Was macht man mit dem ganzen Honig?

Vermarktung von Bienenprodukten in Stadt und Land

Kooperation: Landwirte und erfahrene Imker

Wenn der Landwirt heute eine bestimmte Frucht pflanzt, dann hat er auch seine Abnehmer: den Agrarhandel. Der Agrarhandel gibt bestimmte Rahmendaten wie Qualität, Losgröße, Beschaffenheit etc. vor. Dadurch bestimmt er indirekt, welches Saatgut, welcher Dünger und welche Pflegemittel (Fungizide, Pestizide ...) zu verwenden sind. Der Landwirt hat hierbei wenig Einfluss und Gestaltungsspielraum; er muss sich also dem Handel anpassen. Eine freie Entscheidung, was eigentlich der Verbraucher möchte, ist nicht mehr gegeben. Es fehlt vielfach auch der direkte Kontakt zum Endkunden. Früher hat der Bauer den Mehrertrag, den er nicht selber brauchte, direkt an den örtlichen Bäcker oder Metzger geliefert oder auf dem Wochenmarkt verkauft. Die Qualitätskontrollen führte der Abnehmer mit seiner Kaufentscheidung durch. Unnötige Bürokratie gab es nicht. Die Gefahr von Lebensmittelskandalen, wie es sie heute regelmäßig in großem Umfang gibt, waren durch den Kleinstmengenhandel äußerst selten. Heute werden die meisten bäuerlichen Erzeugnisse in großen Silos gesammelt und in Fabriken verarbeitet, oder die Nutztiere werden in großen Schlachthöfen „am Fließband" verarbeitet.
Ein Landwirt, der auf eine geplante Bienenhaltung umstellt, stellt sich dann vermutlich die Frage, ob er den geernteten Honig auch vermarkten kann. Hier sind mehrere Konstellationen denkbar. Arbeitsteilung in Form von Lohnarbeiten wird in der Landwirtschaft sehr oft praktiziert: Man kann z. B. das Feld ansäen lassen. Es hat auch nicht jeder Landwirt einen Mähdrescher, und er lässt daher die Ernte von einem Lohnunternehmen durchführen. Ähnlich könnte es auch in der Bienenhaltung aussehen. Hier wird uns die Zukunft zeigen, wie ein Zusammenwirken und die Organisation von Imker und Landwirten aussehen werden.

Netzwerke und Direktvermarktung in Stadt und Land

Der Einkauf in Hofläden wird immer beliebter. Viele Verbraucher wollen wieder wissen, wo ihr Lebensmittel herkommt. Mancher Landwirt erkennt: Wer Eier verkaufen kann, kann auch den eigenen Honig verkaufen. Jedoch wohnen die meisten Leute in der Stadt, und nicht jeder Stadtbewohner kann oder will für seinen Einkauf einfach aufs Land fahren.

Die Vermarktung von Honig in ländlichen Gegenden ist oft nicht immer einfach. Es gibt viele Imker, die noch mit einer guten Tracht gesegnet sind, aber ihren erstklassigen Honig oft nicht im nahen Umfeld vermarkten können.

Das Trachtangebot in städtischen Regionen ist oft besser als auf dem Land (Abb. 168).

Imkern in der Stadt wird immer beliebter; viele halten sogar auf dem Balkon Bienen. Der Honig und die anderen Bienenprodukte der Stadtimker finden einen reißenden Absatz. Hier kann ein Netzwerk greifen, das Imker in der Stadt und Imker auf dem Land zusammenbringt. So kann ein direkter Handel zwischen dem Imker in der Stadt und dem Imker oder Landwirt auf dem Land zustande kommen. Möglichst wenig Schnittstellenverluste vom Hersteller zum Endkonsumenten haben den Vorteil, ein faires und kostendeckendes Preisniveau erzielen zu können. Für den Endverbraucher bedeutet dies höchste Qualität aus der Region zu bezahlbaren Preisen.

Abb. 168: Ein blühender Lindenbaum in der Stadt liefert eine gute Tracht.

Wie würden Bienen uns ein Haus bauen

Der heutige Energieverbrauch der deutschen Haushalte beträgt ca. 666 TWh (Terrawattstunden). Haben Sie sich schon einmal die Frage gestellt, was eine menschengerechte Wohnung oder Haus ausmacht? Beim behindertengerechten Wohnen wird auf die individuellen Bedürfnisse des Menschen eingegangen. Bei einem gesunden Menschen hingegen wird nicht gefragt, in welcher Wohnanlage die Person möglichst lange gesund alt werden kann.

Als wir 2012 in China die Paläste in der „Verbotenen Stadt" in Peking anschauten, fragte uns unser damaliger Dolmetscher, ob wir auch sehen wollten, wo der Kaiser von China tatsächlich wohnte und schlief. Wir bejahten, und er erzählte uns, dass die ca. 800 Paläste nur Repräsentationszwecken dienten. Unsere Gruppe verließ den Bereich der Paläste und nach einigen Hundert Metern standen wir in einem kleinen Dorf mit vielen kleinen Hütten. Der chinesische Dolmetscher zeigte auf sechs kleine, unscheinbare Hütten und bemerkte, dass diese die Schlafzimmer des Kaisers waren. Er erzählte uns von altem chinesischem Wissen, dass sich ein menschlicher Körper in einem Raum, der größer als 16 m² ist, schlecht in der Nacht erholen würde. Wenn wir uns als ein Extrem vorstellen, wir würden mitten in einer großen Sporthalle ein Bett aufstellen: Wer könnte dort gut schlafen?

Energieverbrauch Wohnen

Die meiste Energie in privaten Haushalten wird heute für das Heizen unserer Wohnungen benötigt (Abb. 169). Aber bevor wir in ein neues Haus einziehen, ist bereits enorm viel Energie aufgebracht worden, z. B. für die Herstellung von Zement oder auch für den Betrieb der Baumaschinen.

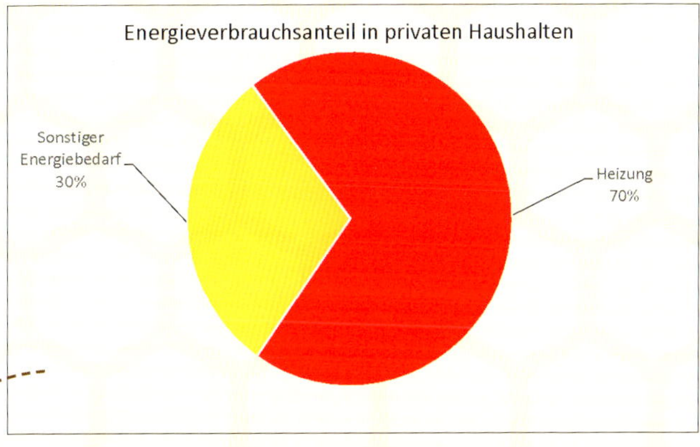

Abb. 169: Anteil des Energieverbrauchs in privaten Haushalten.

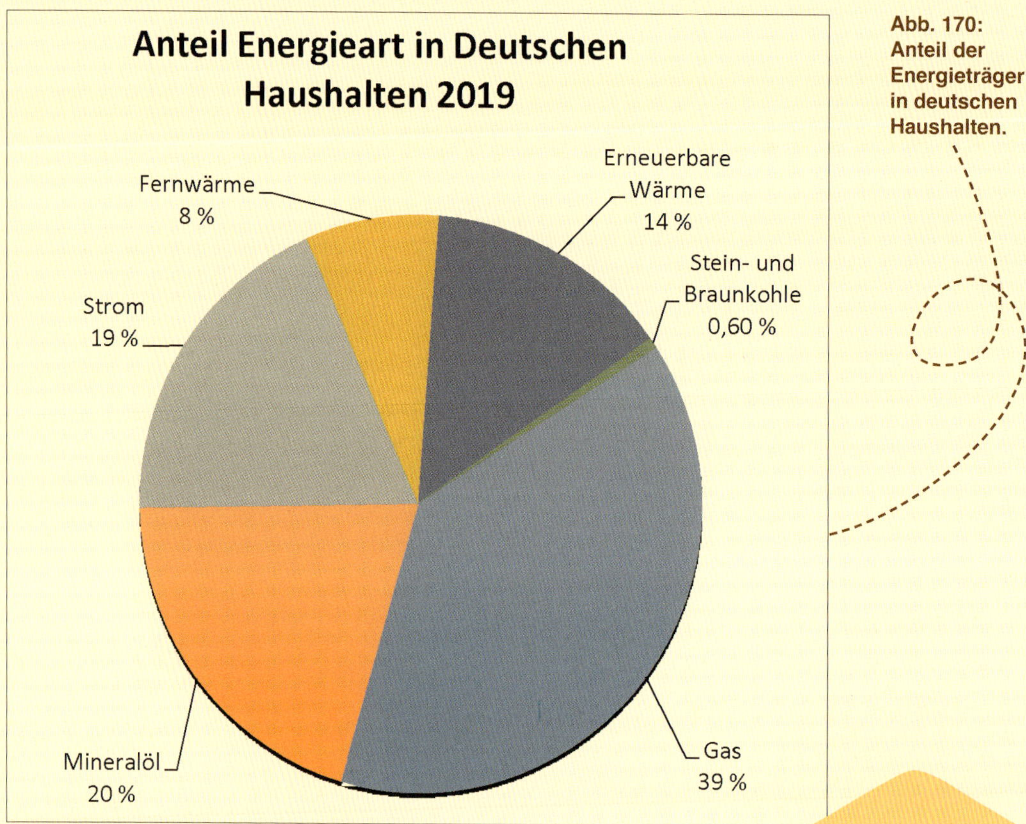

Abb. 170: Anteil der Energieträger in deutschen Haushalten.

Egal mit welcher Energie man sein Haus oder die Wohnung heizt, die monatlichen Energiekosten belasten jeden Haushalt enorm (Abb. 170).

Rundes Bauen

Rundes Bauen hat eine lange Tradition. Viele menschliche Urstämme kennen seit Jahrtausenden die Vorteile des runden Bauens und nutzen sie. Wir sind heute noch fasziniert von der Bauweise der Inuit mit ihren runden Iglus. Auch Nomadenvölker im Kaukasus leben heute noch in runden Jurten.

Die Idee zur Konstruktion und zum Bau des ersten Kuppel-Tinyhauses ging aus der Entwicklung der Bienenkugel hervor.

Unsere Körpertemperatur von 35–36° C ist gleich wie die Brutnestwärme der Bienen. Wie bei den Bienen haben aber auch wir Menschen einen großen Heizenergieverbrauch in unseren Häusern. Auch Schimmelbildung in den Ecken oder an Wärmebrücken tritt gelegentlich auf, obwohl wir genügend lüften und genug heizen.

Sind wir krank, fragt selten ein Arzt nach möglichen Schimmelschäden im Wohnungsbereich. Mit Medikamenten wird

Ähnlich wie die Jurten ist das Kuppel-Tinyhaus konstruiert, jedoch mit dicken, diffusionsoffenen, wärmeisolierenden Wänden.

unsere Krankheit geheilt. Die mögliche eigentliche Ursache wird aber oft nicht behoben.

Die Entwicklung der Bienenbehausung „Bienenkugel“ hat die Formgebung so berücksichtigt, dass keine Wärmebrücken entstehen. Jedoch dunstet ein Bienenvolk beim Stoffwechsel und beim Heizen Feuchtigkeit aus, ähnlich wie wir Menschen. Deshalb ist eine diffusionsoffene Bauweise notwendig. Diese kann aber nur mit bestimmten Materialien und bestimmter Konsistenz der Baustoffe erreicht werden.

Rund bauen ist einfacher als eckig

Aus den Erkenntnissen in der Bienenhaltung ist das erste Kuppel-Tinyhaus entstanden.

Um runde kuppelartige Räume zu bauen, braucht man eigentlich nicht viel – ein paar Grundrechenarten, um die Funktionen eines Kreises zu berechnen, reichen aus. Als Werkzeuge genügen Wasserwaage, Tisch- oder Handkreissäge, Akkuschrauber und eine Schnur. Man zeichnet am besten alles vorher im Maßstab auf, wie man das Kuppelhaus bauen möchte. Auf die kompakte Grundbodenplatte aus Holz kann schon die innere Lattenkonstruktion in Kuppelform aufgebaut werden. Man baut von innen nach außen. Dann wird eine spezielle, diffusionsoffene Holzmatte auf der Hinterseite der Lattenkonstruktion angebracht. Schon kann mit der Außenverschalung Schritt für Schritt weitergemacht werden.

Die Außenverschalung kann eine runde, sechseckige oder mehreckige Form haben, und man kann sie mit Nut- und Federbrettern oder überlappenden Brettern gestalten. Man kann die Außenverschalung aber auch doppelt oder dreifach verlegen. Nachdem nun einige Bretter der Außenverschalung montiert sind, kann der Hohlraum mit einer speziellen Holzwolle isoliert werden. Für die Wahl des Daches und Auswahl der Baustoffe kann auf bisherige bewährte Konstruktionsweisen zurückgegriffen werden (Abb. 171).

Abb. 171: Bienenkugel-PRO und Kuppel-Tinyhaus, ähnliches Bauprinzip, ähnlich gutes Wohnklima.

Kostenreduzierung durch konstruktive Bauweise

Für den Bau eines Kuppel-Tinyhauses benötigt man keine teuren Holzbaustoffe; auch Holz mit Ästen kann problemlos verbaut werden. Außerdem eignet sich jede verfügbare Holzart. Rundhäuser sind in der Regel stabiler und erdbebensicherer als eckige Bauten. Durch die geschichtete Bauweise können individuell dicke Wandstärken mit wenig Materialeinsatz hergestellt werden. Dies senkt die Baukosten enorm.

Abb. 172: Eine Bienenwachskerze kann auch Heizenergie für das Kuppel-Tinyhaus liefern.

Abb. 173: Das Kuppel-Tinyhaus bietet einen perfekten Platz zum Relaxen in einem angenehmen Raumklima.

Klima

Ein Kuppel-Tinyhaus lässt sich bei einer Größe von 3 m Durchmesser und einer Raumhöhe von 2,60 m mit Bienenwachskerzen und Körpertemperatur beheizen (Abb. 172). Bienenwachskerzen sind nachhaltig, riechen gut und ergeben schönes Licht und Atmosphäre. Vergleichen Sie das einmal mit einer nicht nachhaltigen Paraffinkerze – Sie werden sofort enorme Qualitätsunterschiede feststellen. Ein weiterer Vorteil ist, dass Sie im Sommer einen angenehm kühlen Raum zum Schlafen haben. Außerdem herrscht immer eine angenehme Luftfeuchtigkeit im Raum, da die diffusionsoffenen Raumwände das Klima ständig regulieren (Abb. 173).

Weniger Raum muss nicht weniger Wohnqualität bedeuten.

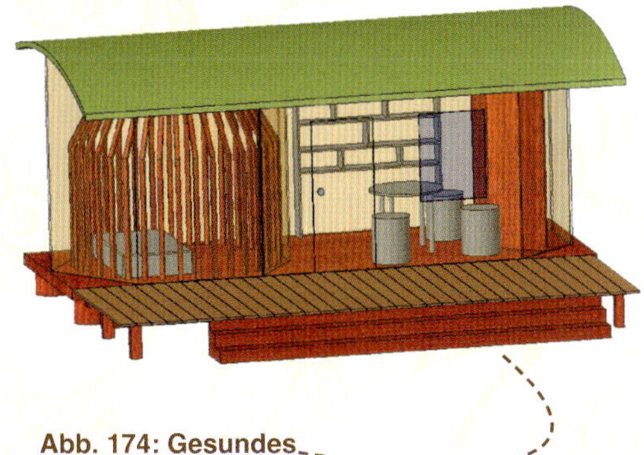

Abb. 174: Gesundes Wohnen mit Komfort.

Abb. 175: Modulare Bauweise, je nach individuellem Platzbedarf.

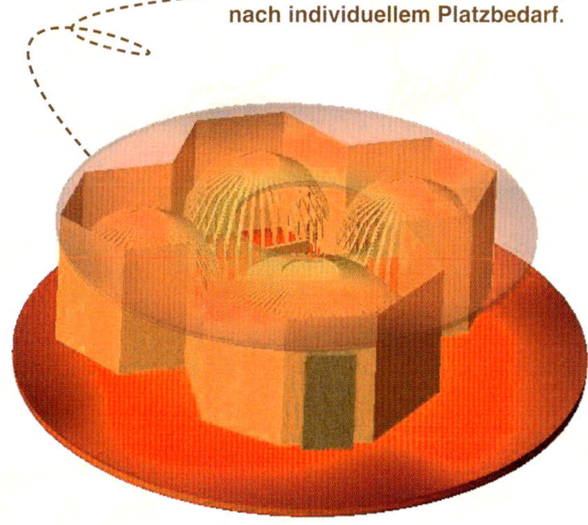

Individuelle Gestaltung und Modulbauweise

Wer heute ein Einfamilienhaus baut, der plant für jedes Kind ein eigenes Zimmer ein. Die Zeit geht aber sehr schnell vorbei, und die Kinder werden groß und ziehen wieder aus. Zurück bleiben die Eltern und ein großes Haus, das geheizt und sauber gehalten werden muss. Mit der Modulbauweise kann der Raumbedarf der jeweiligen Lebenssituation angepasst werden (Abb. 174 und Abb. 175).

Rechtliches

Wenn Sie den Bau eines Kuppel-Tinyhauses planen, sollten Sie das örtliche Bauamt miteinbeziehen. Auch ein Bau auf einer Anhängerplattform ist möglich. Dann müssen die Gesetze im Straßenverkehr beachtet werden.

Dekarbonisierung – fossilen Energieverbrauch ersetzen

Wir haben es geschafft, dass wir innerhalb von ca. 100 Jahren von fossiler Energie wie Erdöl, Kohle, Atomenergiegrundstoffen, aber auch von verschiedenen Metallen enorm abhängig geworden sind. Damit einhergehend haben wir die Wasserqualität, die Luftqualität und das Klima verschlechtert.
Heute werden große Anstrengungen unternommen, durch nachhaltige Energieerzeugung aus Wind- und Wasserkraft, durch Sonnenenergie und andere Quellen den fossilen Verbrauch zu reduzieren oder ganz zu ersetzen. So wird die Rapsölproduktion heute in Deutschland zu 90 % für die Energiegewinnung verwendet. Für den menschlichen Bedarf an Pflanzenöl bleibt noch genügend übrig. Weltweit gibt es über 1.500 Ölpflanzen-Arten, die landwirtschaftlich angebaut werden können. Ebenso liefern viele Bäume Früchte, die einen hohen Ölgehalt haben. Die meisten dieser Pflanzen sind sehr gute Nektar- und Pollenlieferanten und können im Mischfruchtanbau gepflanzt werden. Das hochwertige Pressgut vieler

Ölsamen enthalten gespeicherte Sonnenenergie, die ohne große Lagerkosten jederzeit zu Pflanzenöl gepresst und verarbeitet werden kann.

In Zeiten ständig steigender Rohstoffpreise wäre Pflanzenöl eine echte Alternative zu Erdöl.

Ölsamen kann nicht nur als Tierfutter verwendet werden, sondern auch in der Küche beim Backen und Kochen. Wie bereits beschrieben, kann im Agroforst im Mischfruchtanbau ein Hektar 200 Liter Pflanzenöl und mehr an Ernte liefern. Angenommen, die gesamte weltweite Landwirtschaft stellte in den nächsten Jahren auf Mischfruchtanbau und Mehrertrag durch die Bienenhaltung schrittweise um, dann ließe sich eine große Menge an nachhaltigem Pflanzenöl ernten. Die derzeitige weltweite Landwirtschaftsfläche beträgt 4.752 Millionen Hektar. Mit Mischfruchtanbau angebaut, ergibt das eine Menge (bei nur 200 Litern Ertrag an Pflanzenöl) von ca. 550 Milliarden Liter Pflanzenöl. Das wären ca. 10 % unseres heutigen jährlichen Erdölverbrauchs. Mit Einbeziehung von Ölbäumen könnte diese Menge verdoppelt werden.

Wussten Sie, dass der erste Dieselmotor 1900 auf der Weltausstellung in Paris mit Erdnussöl betrieben wurde? Von Rudolf Diesel, dem Erfinder des Dieselmotors, stammt die Aussage: „Meine Maschine kann mit jedem Pflanzenöl betrieben werden." CO_2-Ausstoß war damals noch kein Thema. Jedoch kann ein Dieselmotor mit Pflanzenöl CO_2-neutral betrieben werden. Vielleicht hätte die Geschichte einen anderen Verlauf genommen, wenn damals das Erdöl nicht wesentlich günstiger gewesen wäre und nicht in großen Mengen zur Verfügung gestanden hätte. Erst mit dem Dieselmotor war dann die großflächige Bewirtschaftung der Felder mit Traktoren und Mähdreschern möglich. Ein weiterer Aspekt dieser möglichen Umgestaltung der Landwirtschaft wäre, dass durch die höhere Wertschöpfung auch gut bezahlte Arbeitsstellen in der Landwirtschaft entstehen würden. Dies würde wiederum zu einer Entlastung unserer Städte bezüglich Wohnungsknappheit und Pendlerströmen führen. So könnten neue Lebenszentren auf dem Land geschaffen werden, die eine hohe Lebens- und Wohnqualität in Kuppel-Tinyhäusern bieten könnten. Die möglichen Einsparungen an fossiler Energie lassen sich hier noch gar nicht vollständig berechnen. Die Rechenbeispiele in diesem Buch zeigen aber auch, dass die Erde mit einer Umgestaltung unserer Produktions- und Lebensweise viel mehr als die heutigen 8,7 Milliarden Menschen ernähren könnte – ohne dass wir auf Luxus verzichten müssten!

Zukunft Erde – Zukunft Mensch

Die „Gier" im positiven Sinne

Bienen sind gierig nach Nektar. Auch wenn der Honigvorrat bereits für drei Winter reichen würde, sammelt ein Bienenvolk weiter Nektar. Im Mittelalter gab es eine ähnliche Situation: Die Menschen waren gierig nach Bienenwachs für Kerzen. Durch die Rodung und Abholzung unserer Urwälder wurden auch die Bienenvölker in ihrer Anzahl weniger und weniger. Bienenwachs war Mangelware, aber die Schlösser, Kirchen und Klöster mussten dennoch beleuchtet werden. Not macht erfinderisch, und so entstand die neue Berufsgruppe der Zeidler, die Vorfahren der heutigen Imker.

Die Zeidler durften in die noch übrig gebliebenen Wälder ziehen, um in alte Bäume Baumhöhlen zu schlagen. Freilebende Bienenvölker schwärmten aus und zogen in diese künstlichen Baumhöhlen ein. Dadurch wurde die Bienenpopulation wieder deutlich erhöht. Wachs war ein Währungsmittel und konnte wie Gold und Silber gehandelt werden. Ich bin überzeugt, dass wir es künftig schaffen können, die Bienenpopulation und das Trachtangebot wie damals wieder zu erhöhen. Werden auch wir wieder „gierig" danach, ein vielfältiges Trachtangebot für die Bienen zu schaffen (Abb. 179). Und entwickeln wir eine „Gier" für gesunde Lebensmittel, die von Bienen bestäubt wurden. Die Konsumsteigerung von Honig und Bienenprodukten könnte eventuell das heutige Bienen- und Artensterben stoppen und gleichzeitig unsere eigene Gesundheit fördern. Es ist nicht bekannt, dass zu viel Honigkonsum schädlich sein kann.

Abb. 176: Vision einer bienengerechten und für den Menschen lebenswerten Zukunft.

Zukunftsvision

Stellen Sie sich vor, Sie pflanzen mehrere Bienenbäume, und nach 800 Jahren kommt Ihre Seele wieder auf die Erde (Reinkarnation). Sie gehen in Ihren Wald und aus einer Baumhöhle fliegen Bienen. Sie greifen in das Flugloch und holen sich ein Stück Wabenhonig mit Bienenbrot heraus. Sie schieben dieses Stück in Ihren Mund! Wie wird dies schmecken? Auch wenn Sie nicht in 800 Jahren reinkarnieren, könnte es sein, dass Ihre Enkelkinder in der 20. Generation an einem schönen Tag in Ihrem gepflanzten Essbaren Bienenwald spielen. Sie entdecken einen alten Baum, aus dem Bienen ausfliegen. Die Kinder klettern den Baum hinauf und holen sich ein Stück Wabenhonig. Jetzt wissen Sie, dass Sie damals beim Anlegen Ihres Waldes alles richtig gemacht haben.

Die Zukunft wird kein Zufall! Wir können Sie gestalten!

Andreas Heidinger

Weiter so unmöglich – Neue Horizonte durch Vernetzung

von Dr. Kornelius Kraus

Zu neuen Erkenntnissen mit vernetzter Systemanalyse: ein Ansatz, um die Regulation und Zeitverzögerungseffekte der Ökosysteme besser verstehen zu können!

Mich fasziniert das Lesen seit jeher. Denn durch das Wunder des Buchdrucks können wir die Kunst des Denkens mit fremden Gehirnen üben. Diese Denkübung erweitert unseren Horizont und führt zu einem immer tieferen Verständnis. Kommt hierzu noch eine trainierte Wahrnehmung, können wir zu faszinierenden Einsichten kommen und ungeahnte Lösungen entwickeln.

Ein Buch ist für die meisten Autoren in der Regel keine wirtschaftlich lohnende Angelegenheit, aber in vielen Fällen eine äußerst sinnvolle Beschäftigung, die uns der Wahrheit näherbringen kann. Für seine aufwendige vernetzte Situationsanalyse, die eine lebenswerte Welt für Mensch und Bienen in den Mittelpunkt stellt, möchte ich mich bei Andreas Heidinger bedanken. Zwischen den Zeilen spüre ich seinen inneren Reichtum, der sich in seiner Haltung gegenüber der Natur und der Schöpfung zeigt.

Was uns derzeit fehlt, ist der Mut. Und zwar der Mut zum Wandel. Wir sehen, dass sich Hoffnungslosigkeit bei der jungen Generation breit macht. Und das, obwohl einige Lösungen bereits da sind: Sie liegen teilweise direkt vor uns, aber um diese zu sehen, braucht es eine andere Sicht, eine andere Wahrnehmung auf die Welt. Das lineare mechanistische Denken des 19. Jahrhunderts hat uns nun endgültig in die Sackgasse geführt. Doch wie kommen wir da wieder heraus? Ganz einfach, indem wir anders denken. Hierbei hilft uns der Autor auf die Sprünge. Indem er seine auf Beobachtungen und Fakten basierenden Gedanken mit uns teilt. Angetrieben von seinem inneren Ruf geht der Bienenpionier Andreas Heidinger auf die Suche nach Lösungen für eine lebenswerte Umwelt für die Bienen und Menschen. Er denkt nicht in einer Generation, sondern in zehn! Somit ist er weniger anfällig für vorschnelle Lösungen, die meistens dem linearen Denken entstammen. Der Autor ist sich auch bewusst, dass es ohne Fehler nicht geht. Denn Fehler tragen immer den Samen für neue Einsichten in sich. Jede Innovation, sei sie im Moment auch noch so perfekt, bleibt immer nur ein Provisorium. Das ist der Lauf der Dinge – die Welt ist ständig im Wandel. Gerade in diesem Moment bewegt sich die Erde mit 1670 km pro Stunde. In jeder Sekunde entwickeln Viren und Bakterien sich weiter, um ihre Lebensfähigkeit zu erhöhen. Und in diesem Moment trainiert unser Immunsystem, indem es Zellen abbaut, recycelt oder Erreger unschädlich macht, um wiederum unsere Lebensfähigkeit zu erhöhen – ein Wunder der Natur. Aber auch der Tod gehört zum natürlichen Lebenszyklus. Damit unser Körper als Gesamtheit überlebt, müssen ständig Zellen sterben. Ebenso verhält es sich im Bienenvolk. Damit ein Bienenstaat überleben kann, müssen Bienen sterben. Mit dieser systemerhaltenden Perspektive erscheinen viele Dinge in einem anderen Licht als aus einem rein wachstums- und profitorientierten Wertesystem.

Beim Systemansatz steigt man aus dem System heraus, sieht auf das eigene System und reflektiert dessen Verhalten.

Ziel der Systemanalyse ist, die unsichtbaren Beziehungen sichtbar zu machen

Um Andreas Heidingers Buch leichter zu verstehen, müssen wir die Perspektive wechseln. Es geht darum, vernetzt zu denken, in Zusammenhängen und Wechselwirkungen. Um die Beziehung des Menschen mit seiner Mitwelt neu zu denken.

Die Systemanalyse verfolgt das Ziel, das Verhalten von Ökosystemen zu beschreiben. Dafür werden Wirkungszusammenhänge, Beziehungsnetze und Zeitverzögerungen gesucht, um sie zu visualisieren, verstehbar und handhabbar zu machen. Denn klassische Ursache-Wirkungs-Beziehungen existieren in Organismen nicht, sondern nur in linearen Modellen.

Mit der Systemanalyse ist es nicht nur möglich, Symptome zu beschreiben, sondern auch Lösungsmöglichkeiten anhand der visualisierten Wirkungszusammenhänge neu zu denken mit dem Ziel, die Überlebensfähigkeit und Steuerbarkeit des Systems zu erhöhen. Damit sind Potentialerhalt und Fähigkeitsentwicklung elementare Zukunftsgrößen. Gleichzeitig sind statische Zustände in einem dynamischen System nicht von Bedeutung.

Wo hat die Systemanalyse ihren Ursprung?

Die Systemanalyse hat ihren Ursprung in der organisierenden Biologie. Bereits zu Beginn des 20. Jahrhunderts hat Ludwig von Bertalanffy sich mit dem Fließgleichgewicht in lebenden Systemen beschäftigt. Demzufolge ist die Systemanalyse eng mit der Bionik verbunden. Die Bionik hat auf technischem und organisatorischem Gebiet großartige Prozesse der Natur bereits entschlüsselt, die laut Vester zu systemverträglichen Resultaten führen könnten. Allerdings hat die Gesellschaft bisher wenig Interesse an den Wertschöp-

fungsprozessen der Natur gezeigt.[1]
Der Leistungssport eignet sich sehr gut, um das systemdynamische Denken zu üben, da hier sehr schnelle Zyklen vorliegen und wir uns am Rand von Grenzwerten befinden. Dadurch werden Fehler in der Belastungssteuerung schnell deutlich. Zunächst reagiert der Körper mit leichten Warnsignalen wie Gelenkschmerzen oder Krankheiten. Werden diese Warnsignale ignoriert und/oder durch Schmerzmittel unterdrückt, so treten mit etwas Zeitverzögerung Überlastungsverletzungen auf, und auch die gewünschte Leistungssteigerung bleibt auch aus. Will man das Symptom lösen, muss man aus dem System heraustreten und es aus der Metaebene genau betrachten. *Genau beobachten* bedeutet, es aus unterschiedlichen Perspektiven von innen und außen zu beobachten.
Um vertiefte Einblicke in das Systemverhalten zu bekommen, haben sich folgende Fragen als hilfreich erwiesen. Diese Fragen dienen dazu, das Ökosystem, in dem Produkte, Verhalten bzw. Ergebnisse entstehen, mehrschichtig zu betrachten und damit neue Erkenntnisse zu gewinnen.

Fragen für ein besseres Systemverständnis
Wo sind die kritischen Bereiche?
Wo sind die puffernden Bereiche?
Mit welchen Hebeln lässt sich das System steuern?
Mit welchen Hebeln lässt es sich nicht steuern?
Wie ist seine Flexibilität?
Wie seine Selbstregulation?
Wo liegt die Innovationskraft?
Wo sind Stressbereiche?
Wo blockiert das System?
Wo liegen Symbiosemöglichkeiten vor?
Wo drohen Umkippeffekte?
Wie reagiert ein System bei entsprechenden Ereignissen?
Wie lässt sich sein Verhalten verbessern?
Welche Outputs (Produkte, Ergebnisse) hat das System?
Aus diesen Erkenntnissen lässt sich eine systematische und nachhaltige Strategie entwickeln, die aus dem System entspringt.

Das Produkt der Systemanalyse ist eine neue systemische Sichtweise, eine neue Wahrnehmung, die andere Handlungen und Ergebnisse erzeugen kann. Die Systemanalyse hilft uns auch, die Historie des Systems zu verstehen. Sie ist wiederum elementar für den Wandel, denn erst durch dieses Bewusstsein können wir mögliche Fehler in der Gegenwart vermeiden. Somit sind die Fehler des alten Systems bereits ein Teil des Überlebensschutzes für das Neue. In diesem Prozess entstehen vernetzte Leitbilder für Ökosysteme wie Unternehmen, Umwelt, Staaten, etc. Diese Leitbilder werden durch evolutionäres, ganzheitliches, funktionsorientiertes sowie steuerungs- und regelungsorientiertes Denken erzeugt.

Was bedeutet das konkret?
Eine Wirtschaft, welche die Beziehung zwischen Menschen und Natur stärkt, also mehr nützt als schadet, ist langfristig attraktiver und nachhaltiger. Zur Erreichung dieses Ziels sind neue Messgrößen notwendig, die die Interessen der Natur und die von Menschen gemachte zweite Natur aus Wirtschaft und Gesellschaft

1 Ein sehr bekannter Begriff, welcher aus der Systemanalyse hervorgeht, ist die Homöostase. Wichtige Vertreter für die Theorie von Informationssystemen sind Norbert Wiener vom MIT, Stafford Beer für den Einsatz des Systemdenkens im Management und Frederic Vester, Hermann Haken oder Klaus Mainzer im Bereich der Ökologie, des Stressmanagements und der Philosophie. Vertiefende Informationen in Systemdynamisches Denken bietet Frederic Vesters Buch – Die Kunst vernetzt zu denken.

balancieren und integrieren können.
Hierfür braucht es mehrere und unterschiedlich stark gewichtete Messgrößen. In den letzten 100 Jahren hatten wir es mit einer stark übergewichteten ökonomischen Messgröße zu tun. Wirtschaftswachstum, technologische Innovation und Globalisierung haben das Leben enorm beschleunigt. „Einstige Triumphe der Menschheitsgeschichte, die Verdrängung nahezu all unserer äußeren Feinde und die Entdeckung der fossilen Brennstoffe, haben uns aus dem über lange Zeiten eingependelten Gleichgewicht geworfen und uns in die jetzige, langfristig nicht zukunftsfähige Schieflage gebracht", schrieb der Physiker Hans-Peter Dürr bereits 1996[2].
Nebeneffekte dieser Haltung erfahren wir nun sehr deutlich im Alltag. Die Natur und besonders die Wirtschaft spürt, dass ein *Weiter so* jeden Tag unwahrscheinlicher wird. In der Natur beobachten Wissenschaftler einen dramatischen Verlust der Biodiversität durch Waldsterben, Bienensterben, Waldrodung, Trinkwasserverschmutzung, u.a. durch Medikamente und Kunstdünger, und Ölkatastrophen.
Aber nicht nur unser natürliches Ökosystem steckt in der Krise, sondern auch unsere Volkswirtschaften. Und zwar schon seit über 10 Jahren. Makroökonomen warnen schon seit einigen Jahren vor diesem Zustand. Nach der Lehman-Pleite konnte die Finanzpolitik die globale Wirtschaftskrise durch enorme Ausweitung der Geldmenge noch einmal abwenden.[3] Aber der notwendige geistige Wandel blieb aus. Es scheint, dass das Dilemma noch größer geworden sei. In der Zwischenzeit hat die Kapitalwirtschaft viele Talente der Naturwissenschaften, z.B. als Modellanalysten, für sich gewinnen können. Auch die Polarität von Sozialismus und Kapitalismus ist noch nicht überwunden. Was konnten wir in den letzten 10 Jahren noch beobachten? Die Digitalisierungsmonopole nehmen weiter zu, die Börsenwerte der größten Tech-Riesen haben im Vergleich zum Vergleichsindex, dem S&P 500, enorm zugenommen (Facebook jetzt Meta, Google, Microsoft, Apple, Amazon). Ob das gut oder schlecht ist, das kann ich nicht beurteilen. Allerdings wissen wir, dass traditionelle landwirtschaftliche Monokulturen mittel- bis langfristig mehr Schaden als Nutzen bringen.
Warum fördert unser Staat eigentlich mit Steuergeldern genau diese Kultivierungsform?
Welche Kriterien liegen dieser Förderung zu Grunde?
Wie werden die langfristigen Folgen bewertet?
Handelt es sich hierbei um ein Versehen?

Diese Fragen können am besten die Verantwortlichen beantworten. Andreas Heidingers Analyse kann uns diese Fragen nicht abschließend beantworten, aber er gibt uns wichtige Hinweise für weitere Ermittlungen. Hierfür liefert er eine wertvolle Perspektive für den notwendigen Wandel. Er hilft uns, Schlüsselkomponenten und die Vernetzung von systemtragenden Komponenten besser zu verstehen, die elementar für die Systembeschreibung sind. Zum Beispiel stellt er einen systemdynamisch begründeten Lösungsansatz für das Waldsterben in Monokulturen vor. Mit seinen Modellhypothesen stellt er eindrucksvoll den Pflanzabstand der Bäume in Bezug zu Temperatur, Wasserhaushalt und Baumgesundheit.

2 Hans Peter Dürr: Pflicht zur Mitnatürlichkeit. Der Spiegel 5/1996 (https://www.spiegel.de/wissenschaft/pflicht-zur-mitnatuerlichkeit-a-19ed7371-0002-0001-0000-000008871115).
3 Willem Middelkoop: The Big Reset. Fed-& EZB-Balance Sheets.

Das Image des Bauern ist ein elementares Systemproblem

In unserem derzeitigen gesellschaftlichen Modell ist die traditionelle Agrarökonomie wirtschaftlich nicht attraktiv für junge Menschen und sogenannte High-Potentials. Das Image ist schlecht. Zu meiner Schulzeit war Bauer ein Schimpfwort. Die Verdienstaussichten sind gering und der Kapitaleinsatz ist sehr hoch. Außerdem ist durch die staatlichen Subventionen der Wettbewerb stark verzerrt. Aus meiner Sicht sind Landwirte das Fundament einer funktionierenden Gesellschaft. Als „Arbeitsbiene" ist ihr Auftrag, das Volk mit besten Lebensmitteln für Körper und Geist zu versorgen. Aber Nachhaltigkeit ist zum Großteil weder auf den Frühstückstischen noch auf den Feldern oder bei Bauwerken angekommen. Und daran sind wir alle mitschuldig! Unsere teils aggressiven Preisvorstellungen beispielsweise bei Lebensmitteln deuten auf eine gewisse Respektlosigkeit hin. Wir selbst wollen billig einkaufen, aber sehr gut bezahlt werden. Wie soll das gehen, wenn ein Unternehmen von seinen Kunden lebt und das Unternehmen seine Arbeiter aus den Kundenumsätzen belohnt? Wenn ein Landwirt hochwertige Lebensmittel produzieren soll, muss er anständig davon leben können und die entsprechende gesellschaftliche Anerkennung für seinen Dienst bekommen. Leider ist das bislang nicht die Wirklichkeit. Die Folge unseres industriellen Lebenswandels wird jetzt sehr deutlich erfahrbar. Schwache Immunsysteme, Depression, Übergewicht, und abnehmende Konzentrationsfähigkeit sind gesellschaftliche Nebenwirkungen. Ein *Weiter so* geht nicht mehr lange gut. Auch wenn die Natur noch einiges einstecken kann aufgrund ihres unglaublichen regenerativen Potentials. Schlechter sieht es mit den staatlichen Auffangsystemen aus. Bei aller Kreativität der Finanz- und Politikelite ist es nur eine Frage der Zeit, bis die sozialen Auffangsysteme die Last nicht mehr tragen können. Nach der Analyse des Finanzexperten Willem Middelkoop hat noch keine der 255 Fiatwährungen überlebt. Laut Finews.ch werden Fiatwährungen im Durchschnitt 27 Jahre alt. Das britische Pfund ist die älteste Währung der Welt, eingeführt 1694. Damals war das Pfund noch 12 Unzen Silber wert[4], am 26. Januar 2022 kostete eine Unze Silber 17,5 britische Pfund! Somit sind über 98 % des Ausgabewertes entwertet.

Fiat kommt aus dem Lateinischen und heißt „es werde", „es geschehe". Fiatwährungen eignen sich vorrangig als Tauschmittel. Laut Dr. Chris Kaches Analysen zeigt sich ein nahezu perfekter Zusammenhang (R2=0.944) des S&P 500 mit der Ausweitung der Geldmenge (M2). Dies bedeutet, dass die Wirtschaft nur aufgrund der Geldmenge wächst.

Durch die Inflation der letzten Jahre spüren wir deutlich, dass die großen Währungen in den vergangenen Jahren enorm an Kaufkraft verloren haben. Das ist weder gut noch schlecht, was bleibt, ist die Erkenntnis, dass Fiatgeld staatlich akzeptiertes Tauschmittel ist, das sich nicht als langfristiger Wertspeicher eignet. Wir sollten uns also nicht auf das Geld konzentrieren, sondern uns stattdessen der Schöpfung echter Werte widmen. Und was echte Werte sind, das muss zunächst jeder für sich selbst definieren, später auch die Gesellschaft. Historisch betrachtet sind Gold und Silber echte Werte. Ein äußerst wertschöpfender Zukunftswert ist die Ausbildung von Können, der Aufbau

4 https://www.finews.ch/news/banken/22628-gold-fiat-geld (Stand Januar 2022)

von Netzwerken und Freundschaften, die die Überlebensfähigkeit von Unternehmen bzw. gesellschaftlichen Ökosystemen steigern können. Auf Naturebene ist die Steigerung der Biodiversität pro Quadratmeter ein echter Wert.
Um selbst einen Eindruck davon zu bekommen, fragen Sie mal unsere Staatskassenverwalter nach der finanziellen Reichweite, wenn 10 Prozent weniger Steuereinnahmen zufließen? Fragen Sie mal bei Ihrer Gesundheitskasse nach, wenn 20 Prozent der Einnahmen ausfallen, aber die Ausgaben weiter wie bisher steigen. Machen Sie sich selbst ein Bild, dann können Sie Herr der Lage werden. Die Natur und die Geschichte zeigen, dass es immer einen Ausweg gibt. Hierfür brauchen wir allerdings einen geistigen Wertewandel. Und dieser beginnt mit dem ersten Schritt: der Auseinandersetzung und Neubewertung der inneren Werte. Die Biene als Symbol kann uns bei diesem Prozess unterstützen. Schauen Sie mal als Biene auf uns Menschen und unser Ökosystem. Gefällt Ihnen, was Sie da sehen? Ich finde, es könnte besser sein. Aber für die Besserung müssen wir uns mit unserer Unvollkommenheit auseinandersetzen, sonst bleibt die notwendige Heilung aus und wir haben unsere Chance vertan.

Ich stelle mir die Frage, wie wir den so wichtigen Berufsstand der Landwirte stärken und weiterentwickeln könnten, so dass die für diesen Bereich talentiertesten und begabtesten Menschen ihn ausüben. Studien zur Diätik und Gesundheit des Mikrobioms[5] z.B. von der Universität Amsterdam und Nimwegen sind bereits in Arbeit. Sie zeichnen einen möglichen neuen Weg für eine andere Wahrnehmung vor. In diesen Studien wird von Wissenschaftlern der Zusammenhang von Schlaf und Ernährung auf das Mikrobiom und das Immunsystem untersucht. Das Mikrobiom ist ein Organismus, der unsere Darmflora besiedelt und maßgeblich an der Energieaufnahme beteiligt ist. Man schätzt, das 100 Billionen symbiotische Mikroben das Mikrobiom des Menschen bilden. Es wiegt knapp 2 Kilogramm und kann durch Antibiotika stark geschwächt werden. Es wird angenommen, dass 90 Prozent der Krankheiten auf den Darmtrakt und die Gesundheit des Mikrobioms zurückzuführen sind.
Durch die Auseinandersetzung mit dem Mikrobiom und ökologischen Bewertungskriterien kann mithilfe der Forschung ein neuer Berufsstand entstehen, der dem Menschen, der Natur und der Wirtschaft dient. Einige Projekte und Initiativen wie die regenerative Landwirtschaft, Agroforst und Demeter sind Vorboten für eine andere Haltung. Auch hier haben wir es als Konsumenten wieder selbst in der Hand, welche Werte wir mit unserem Geld fördern wollen.

Sechs Fehler im Umgang mit komplexen Systemen

Um Ihr Systemdenken zu verbessern, möchte ich Ihnen einige Bausteine für den Umgang mit komplexen System nach Professor Dörner aus dem Buch „Logik des Misslingens“ vorstellen. Mit diesen Fehlern können Sie sich schnell einen Überblick verschaffen und dann gezieltere Nachforschungen zum Systemverhalten anstellen. Einige Muster werden Sie bereits aus den Abschnitten zuvor wiedererkennen.

5 Das Mikrobiom ist der lebende Organismus unseres Darms. Es wiegt zwei Kilogramm und steht im Zusammenhang mit unserer Gesundheit. Beispielsweise sind Antibiotika schädlich für das Mikrobiom. Vertiefende Literatur finden Sie bei Prof. Blaser.

Erster Fehler: Falsche Zielbeschreibung

Statt die Erhöhung der Lebensfähigkeit des Systems anzugehen, wird versucht, Einzelprobleme zu lösen. Man gibt sich mit dem Finden des ersten Missstands zufrieden, um diesen zu bereinigen. Danach wird der nächste Missstand gesucht, einer nach dem anderen. Dies ist kennzeichnend für die lineare Methode. Sie kann schnelle Erfolge bei der Symptomkur liefern, allerdings steht sie dadurch häufig der mittel- und langfristigen Lösungsfindung im Weg.

Zweiter Fehler: Unvernetzte Situationsanalyse

Durch fehlende Ordnungsprinzipien wie Rückkopplungen oder Grenzwerte gelingt keine sinnvolle Auswertung der Daten.

Dritter Fehler: Irreversible Schwerpunktbildung

Man versteifte sich einseitig auf einen Schwerpunkt, der zunächst richtig erkannt wurde. Allerdings wurde er zum Favoriten.

Vierter Fehler: Unbeachtete Nebenwirkungen

Im linear-kausalen Denken geht man häufig sehr zielstrebig vor, ohne Nebenwirkungsanalyse, selbst wenn man ein vernetztes Gefüge erkannt hat.

Fünfter Fehler: Tendenz zu Übersteuerung oder Untersteuerung

Zunächst zögernde, kleine Eingriffe. Wenn sich dann nichts tut, folgt auf der nächsten Stufe ein kräftiges Eingreifen, um dann bei den ersten Rückmeldungen wieder zu bremsen.

Sechster Fehler: Tendenz zu autoritärem Verhalten

Die Macht, das System verändern zu dürfen, und der Glaube, es durchschaut zu haben, führen häufig zu einem diktatorischen Verhalten. Nebeneffekte sind die Übergewichtung egoistischer Interessen der Firma „Gigantismus" und persönlicher Prestigegewinn.

Aufrichtige wertebasierte Kritik – Die Basis für einen gelingenden Diskurs

Was Andreas Heidinger in diesem Buch liefert, bietet eigentlich genügend Impulse und vor allem belastbare Daten für vertiefende Gespräche, sei es bei Stammtischen, der nächsten Mitarbeiterversammlung oder im Freundeskreis. Er zeigt uns die Missstände unseres menschlichen Handelns und letztendlich unseren Werteverfall auf. Aber das Buch macht auch Hoffnung, denn es enthält Saatgut für eine andere Zukunft.

Vielleicht erkennt man durch die Analyse auch, dass wir alle durch unser Handeln zu dieser Lage beigetragen haben. Und am liebsten würde man gerade in die Opposition gehen. Das ist gut so, denn das wissenschaftliche Ideal nährt sich aus dem Ringen um die Wahrheit. Dafür benötigen wir die nötige Neutralität und Abstand. Die Wissenschaft kann nur hypothetische Konstrukte und vereinfachte Abbilder der Wirklichkeit liefern, niemals aber die letzte Wahrheit, weil sie von Menschen gemacht ist. Daher ist auf dem Weg zur Wahrheit alles nur ein Provisorium. Hierbei gibt es allerdings bessere und schlechtere.

Am Ende des Spiels steht die Wahrheit für sich. Was bleibt, ist pure Eleganz. Sie verbindet höchste Effizienz und höchste Effektivität. Wenn wir glauben, ein Sinn des Lebens ist, die Wahrheit zu erkennen und

ihr zu dienen, dann hilft uns der offene Diskurs bei Kurskorrektur enorm weiter. Beim gelingenden Diskurs erweitern alle ihre Perspektive. Aber bedenken Sie bitte bei jeglicher Kritik, dass sie häufig vielmehr über den Kritiker aussagt als über den Kritisierten selbst. Um den Prozess zu erleichtern, habe ich Ihnen ein paar Fragen formuliert, die Ihnen behilflich sein können, Ihre wertvollen Gedanken klar und treffend auszudrücken:
Was gefällt Ihnen?
Was lehnen Sie ab?
Was fehlt Ihnen für eine noch stimmigere Lösung?
Was wollen Sie umsetzen?
Welche Werte sind Ihnen wichtig?

Stellen Sie sich bitte die Frage, wenn Sie Kritiken lesen:

Warum wird jemand kritisiert?
Was ist die eigentliche Aussage der Kritik?
Von wem stammt die Kritik?
Welche Interessen verfolgt er?
Ist die Kritik sachlich, fundiert und dient sie der Wahrheitsfindung?
Oder ist die Kritik persönlich und versucht den Ruf der Person zu schädigen?

Fazit:

Mit dem systemdynamischen Ansatz und Andreas Heidingers Analyse ist eine Neubewertung der Situation möglich. Wir Wissenschaftler müssen uns immer bewusst sein, dass wir Menschen deutlich mehr erleben als wir begreifen können – Gott sei Dank. Deshalb ist der praktische und das Ganze betrachtende Blick so bereichernd, da er näher an der Wirklichkeit ist. Ich hoffe, dass Wissenschaftlern, Entscheidungsträgern, Leistungsträgern und ökologischen Machern dieses Buch in die Hände fällt und auf einen erwachenden Geist trifft. Als Wissenschaftler können wir seine Beobachtungen und Annahmen mit Arbeitshypothesen genau studieren. Ich bin mir sicher, dass auch die Diskussion um ökologische Werte von seiner Vorarbeit bereichert werden kann. Für mich sind die Steigerung der Überlebensfähigkeit lebender Systeme, echte Bildung und Fähigkeitserwerb, Steigerung der Biodiversität, Stressreduktion, Mehrfachnutzung und Recycling sehr wichtig. Seine Analyse hat mich auf meinem Weg schon jetzt bereichert, auch wenn wir nicht immer gleicher Meinung sind. Meinungsverschiedenheiten sind gut so, sonst könnten wir voneinander nichts lernen. An dieser Stelle möchte ich herzlich zum Diskurs einladen. Mit einem Witz des großartigen Physikers Hans-Peter Dürr möchte ich meinen Beitrag beenden: „Unsere Pflanzen benötigen 42 Schritte, um Glucose aus der Sonnenenergie herzustellen. Der Gelddruck zukünftiger Währungssysteme sollte sich an der Glucoseproduktionsrate der Erde orientieren“.[6]

6 Vortrag von Hans Peter Dürr: „Weil es ums Ganze geht!“ (https://www.youtube.com/watch?v=RKma6xCTIBE)

Danke!

An die vielen Menschen, die mich in den letzten Jahren unterstützt haben. Es ist schön, wenn sich Menschen Zeit nehmen zu diskutieren und Meinungen auszutauschen.

Mein besonderer Dank geht an meine Frau, meine Kinder und an Alice Oberli, Anton Zech, Barbara Rott, Bernhard Hänni, Berthold Obermaier, Christoph Hermann, Christoph Schönauer, Clemens Weinert, Cornelius Huber, David Buxbaum, David Hügli, David Seiler,

Dorothea Heidinger, Dr. Christian Kuhn, Dr. Ing. Roland Schmidt, Dr. Kornelius Kraus, Dr. Wolfgang Walter, Eberhardt Schmidt-Elsäßer, Elisabeth Kraus, Elmar Übelhör, Franz Tyosits, Frauke Böttge, Georg Riedl, Gerhard Heidinger, Gertraud Heidinger, Günther Beckmann, Hannelore Zech, Hans Hartl, Jakob Paula, Johannes Prantl, Judith Stark, Josef Baumgartner, Katharina Heidinger, Kathrin Robl, Larissa Egger, Markus Heinitz, Martina Heinitz, Martina Prantl, Max Böhm, Michael Ludl, Michal Popielinski, Monika Klotz, Otto Heidinger, Patricia Prantl, Peter Robl, Petra Friedrich, Petra Popielinski, Prof. Dr. Dr. h.c. Hermann Stever, Prof. Karl Reiling, Ralf Rüth, Robert Muttenhammer, Roland Strobl, Sabine Huber, Sascha Rührmair, Stefan Schlosser, Stefan Stangaciu, Tanja Major, Thomas Köglsberger.

www.bienenkugel.de

Mitglied beim Deutschen Berufsimkerbund
Mitglied beim Bayerischen Imkerbund

Lektorat:

Ulrike Andres

Literatur-empfehlungen

Gleim K.-H.: Nahrungsquellen des Bienenvolkes. Sankt Augustin 3: Delta Verlag 1977.

Heidinger A., Kuhn C.: Imkern mit der Bienenkugel. Stuttgart: Ulmer Verlag; 2020.

Löw H.: Pflanzenöle. Graz-Stuttgart: Leopold Stocker Verlag; 2003.

Maurizio A., Schaper F.: Das Trachtpflanzenbuch. München: Ehrenwirth Verlag 1994.

Matthäus B., Münch F.W.: Warenkunde Ölpflanzen/Pflanzenöle. AGRIMEDIA GmbH 2009.

Pritsch G.: Bienenweide. Suttgart: KOSMOS Verlag 2018.

Stangaciu S.: Sanft heilen mit Honig, Propolis und Bienenwachs. Stuttgart: TRIAS Verlag; 2022.

Zech H.: Alles aus dem eigenen Garten. Regenstauf: SüdOst Verlag; 2021.

Büdel-Herold: Biene und Zucht München: Ehrenwirth Verlag 1960.

Literaturverzeichnis

Schuster S., Löschner F.: Glossar zu Agroenergiepflanzen. Berlin: FDCL-Forschungs- und Dokumentationszentrum Chile – Lateinamerika; 2008.

Peter-Imandt-Gesellschaft: Mischfruchtanbau – Alternative in der Landwirtschaft? Tagung der Rosa-Luxemburg-Stiftung Saar; 2013.

Dierauer H.: Anbautechnik. Welche Mischkulturen haben sich bewährt? Forschungsinstitut für biologischen Landbau (FiBL). Im Internet: https://www.bioaktuell.ch/pflanzenbau/ackerbau/mischkulturen/anbautechnik.html; Stand: 10.01.2022.

Paulsen H. M., Schochow M.: Anbau von Mischkulturen mit Ölpflanzen zur Verbesserung der Flächenproduktivität. Bundesprogramm Ökologischer Landbau-BÖL; BÖL-Bericht-ID 13217.

Jering A., Klatt A., Seven J., Ehlers K., Günther J., Ostermeier A., Mönch L.: Globale Landflächen und Biomasse nachhaltig und ressourcenschonend nutzen. Umwelt Bundesamt. Im Internet: https://www.umweltbundesamt.de/sites/default/files/medien/479/publikationen/globale_landflaechen_biomasse_bf_klein.pdf; Stand: 10.01.2022.

Statistisches Bundesamt.

WWF Deutschland, 10117 Berlin.

Deutscher Berufs- und Erwerbsimkerbund e.V. www.Berufsimker.de.

Deutscher Imkerbund e.V. www.DeutscherImkerbund.de.

Leindotteranbau, Schweizer Berghilfe. info@berghilfe.ch.

Mischkulturanbau, Bliesgau Ölmühle GBR.

Bohnen D. Pressereferat, Botschaft der Bundesrepublik Deutschland in Peking.

Kuhlmann F.: Landwirtschaftliche Standorttheorie, Landnutzung in Raum und Zeit. Frankfurt/Main: DLG Verlag; 2015.

Harris J., Harbo J., Villa J., Danka R.: Variable population growth of Varroa destructor in colonies of honey bees during a 10-year period. Environmental Entomology 2003; 32: 1305–1312.

Tautz J., Heidinger A.: Perfektes Klima in der Naturhöhle. Warum in künstlichen Behausungen Kondenswasser zum Problem wird. ADIZ – die Biene, Imkerfreund 2014; 12: 20–21.

Le Conte Y., Arnold G., Desenfant P.: Influence of brood temperature and hygrometry variations on the development of the honey bee ectoparasite Varroa jacobsoni. Environmental Entomology 1990; 19: 1780–1785.

Kraus B., Velthuis W. H.: High humidity in the honey bee (Apis mellifera) brood nest limits reproduction of the parasitic mite Varroa jacobsoni Oud. Naturwissenschaften 1997; 84: 217–218.

Schweizer P.: Klimatische Faktoren beeinflussen die Reproduktion der Varroa. Schweizerische Bienen-Zeitung 2015; 11: 14–16.

Westphal U.: Der Imkerkurs für Einsteiger. Stuttgart: Ulmer Verlag; 2021.

Vollmer J.: Interview mit Prof. Tautz. Auf der Suche nach der Zukunft der Imkerei, 20.6.2015. Im Internet: https://www.youtube.com/watch?v=hQUtJQVrXj0; Stand: 10.01.2022.

Kriele A., Kleen H.: Heilendes Zuhause. München: Knaur-MensSana HC; 2018.

Friedt C.: Winterraps, Das Handbuch für Profis. Frankfurt/Main: DLG Verlag; 2011.

Dähn-Siegel S.: Zuckerrübe bleibt eine wichtige Säule. Generalversammlung des Verbands Fränkischer Zuckerrübenbauer (VFZ). Bayerisches Landwirtschaftliches Wochenblatt; 11.11.2021.

Bildnachweis

90-1, 90-2, 90-3-1, 90-3-2 Kornelius Kraus
Foto 1-8 Eberhardt Schmidt-Elsäßer
156–158 Bernhard Hänni
150–155 Hannelore Zech
115 Gertraud Heidinger
135 und 179 Michal Popielinski
Rest: Andreas Heidinger